高等学校应用型特色规划教材

Python 程序设计

主　编◎徐　英　商　君
副主编◎付小玉　陈　艳　刘振湖　曾　诚　黄　飞

人民邮电出版社
北　京

图书在版编目（CIP）数据

Python程序设计 / 徐英，商君主编. -- 北京 : 人民邮电出版社，2022.12（2023.8重印）
高等学校应用型特色规划教材
ISBN 978-7-115-59927-8

Ⅰ. ①P… Ⅱ. ①徐… ②商… Ⅲ. ①软件工具－程序设计－高等学校－教材 Ⅳ. ①TP311.561

中国版本图书馆CIP数据核字(2022)第156203号

内容提要

本书共 8 章，主要内容包括 Python 概述、Python 开发环境的搭建、代码编写规范、Python 的基本语法、流程控制、数据存储结构（列表、元组、字典、集合）、函数、文件与异常、面向对象编程等。此外，本书还设计了一个实训项目——编程实现学生选课系统，帮助读者加深理解和巩固所学知识。本书适合作为高等院校大数据、人工智能、物联网、云计算及其他计算机相关专业的 Python 教材，也可作为 Python 相关培训的基础教材。

♦ 主　　编　徐 英　商 君
副 主 编　付小玉　陈 艳　刘振湖　曾 诚　黄 飞
责任编辑　张晓芬
责任印制　马振武
♦ 人民邮电出版社出版发行　　北京市丰台区成寿寺路 11 号
邮编　100164　　电子邮件　315@ptpress.com.cn
网址　https://www.ptpress.com.cn
固安县铭成印刷有限公司印刷
♦ 开本：787×1092　1/16
印张：14　　2022 年 12 月第 1 版
字数：298 千字　　2023 年 8 月河北第 2 次印刷

定价：59.80 元

读者服务热线：(010)81055493　印装质量热线：(010)81055316
反盗版热线：(010)81055315

前　言

本书主要介绍Python的基础知识及其基本用法，以便让读者快速掌握使用Python编程的方法与技巧，领略Python的魅力。全书共8章，具体如下。

第1章：不仅介绍Python的发展、特点、应用领域，还介绍Python开发环境的搭建、Python代码编写规范等基本内容。掌握这些内容是学好Python的基础要求。

第2章：介绍Python的基础语法，如变量、数据类型，以及数据类型转换、运算符、操作字符串等方法。只有掌握Python的语法，才能灵活地完成数据的处理。学习完本章内容后，读者将能够编写有意义的小程序。

第3章：详细介绍Python的两种流程控制结构——循环结构与选择结构，包括if语句、多分支if语句、while循环、for循环等。流程控制是编程的基础。学习本章内容后，读者可开发出能够实现业务灵活控制的Python程序。

第4章：介绍如列表、元组、字典和集合等Python语言中重要的数据存储结构的特点与使用方法。学习本章内容后，读者将能够开发出基于不同数据存储结构的Python程序。

第5章：详细介绍函数的使用方法。函数能够提高代码的复用性，学习本章内容后，读者可以使用函数实现代码的封装，提高代码的可读性和可复用性；掌握导入Python内置模块和第三方模块的方法，提高程序开发效率。

第6章：介绍常用的文件类型和特点，TXT、CSV、JSON等格式文件的读/写方法。学习本章内容后，读者能够将程序数据保存到文件中，或从文件中读取数据，从而提高数据的可维护性。

第 7 章：介绍 Python 面向对象编程的核心内容，如对象和封装、继承、多态等。本章重点培养读者使用面向对象思想进行程序设计的能力。封装、继承和多态是面向对象的三大特性。封装类的属性可以隐藏类的实现细节，限制不合理操作。继承是软件可重用性的一种表现，新类可以在不增加自身代码的情况下，通过从现有的类中继承其属性和方法来充实自身内容。多态在面向对象编程中无处不在，是解决编程中实际问题的一大利器。

第 8 章：完成一个项目实训。该项目要求读者综合前面各章的知识，实现一个学生在线选课系统。该系统具有注册、登录、课程信息管理、学生信息管理、选课、选课信息查询等功能。

要学习程序设计语言，就要多动手练习，这样才能深入理解每个知识点，提高编程熟练度，培养分析问题和解决问题的能力，从而积累更多的开发经验。

本书由重庆智能工程职业学院的计算机基础教学团队组织编写。尽管我们在写作过程中力求完美，但本书难免存在不足之处。我们在此殷切希望广大读者批评指正！

为了便于学习和使用，我们提供了本书的配套资源。读者可以扫描并关注下方的“信通社区”二维码，回复数字 59927，即可获得配套资源。

“信通社区”二维码

主编

2022 年 12 月

目　　录

第1章 Python简介

【能力目标】

（1）能够安装 Python 软件，完成开发环境相关配置。

（2）能够正确运用 Python 的基本语法编写代码并正确输出结果。

【知识目标】

（1）认识 Python，了解 Python 的发展、特点及应用领域。

（2）掌握 Python 软件的安装和开发环境的配置。

（3）掌握 Python 代码的编写规范。

【素质目标】

（1）培养学生遵纪守法的意识。

（2）培养学生保护知识产权的法律意识。

（3）培养学生树立自立自强的意识。

1.1 Python概述

1.1.1 Python的发展

Python 是一种结合解释性、编译性、互动性和面向对象的高层次计算机程序设计语言，由荷兰国家数学和计算机科学研究中心的吉多·范罗苏姆（Guido van Rossum）在 20 世纪 80 年代末至 90 年代初设计。“Python”这个名字不是来源于蟒蛇，而是在设计时，Guido 正好在读蒙提·派森（Monty Python）马戏团的剧本，觉得“Python”

又酷又好记，便选用“Python”作为这种计算机程序语言的名字。第一个公开发行的Python 版本在 1994 年发布，第二个公开发行的版本 Python 2.0 在 2000 年发布，第三个公开发行的版本 Python 3.0 在 2008 年发布。Python 3.X 版本的语法和 Python 2.X 及以下版本都不兼容，即 Python 2.0 的程序在 Python 3.0 环境中无法运行。目前 Python 版本已经发展到 Python 3.10。

Python 是在 ABC 语言的基础上发展起来的，继承了 ABC 语言的特点，并受到 Modula-3（另一种相当强大且优美的语言，为小型团体所设计）的影响。此外，Python 结合了 UNIX Shell 和 C 语言用户的习惯，因而成为 UNIX 和 Linux 开发者都青睐的编程语言。在 IEEE Spectrum 发布的年度编程语言排行榜中，Python 从 2017 年开始一直位列第一，Java 和 C 语言分别位列第二和第三。

1.1.2 Python 的特点

Python 之所以能广泛用于多种编程领域，是因为有以下显著的特点。

（1）简单易学。Python 的关键字少，结构简单，语法清晰，易于学习。

（2）易于阅读。Python 的代码定义得非常清晰，采用强制缩进的编码方式，使代码看起来非常规范和优雅。

（3）免费且开源。Python 软件是自由/开放源码软件（Free/Libre and Open Source Software，FLOSS）之一，用户可以自由地发布这个软件的副本，查看和更改其源代码，并在新的免费程序中使用它。

（4）丰富的标准库。Python 具有丰富的库，支持跨平台部署，兼容 UNIX、Windows、macOS 等多个操作系统。

（5）互动模式。Python 支持从终端输入执行代码并获得结果，能够互动地对代码片断进行测试和调试。

（6）可移植。基于 Python 的开源属性，Python 可以被移植（工作）到许多平台上。

（7）可扩展。如果需要高效运行一段关键代码，或者编写一些代码不开放的算法，你可以使用 C 语言或 C++语言编写这部分程序，然后在 Python 软件中调用相应程序。

（8）可嵌入。Python 可以嵌入 C/C++程序，为这些程序提供脚本。

（9）支持数据库。Python 提供与主流数据库对接的接口。

1.1.3　Python 的应用领域

Python 主要应用于以下领域。

（1）常规软件开发

Python 支持函数式编程和面向对象编程，能够承担任何种类软件的开发工作，因此可应用于常规的软件开发、脚本编写、网络程序设计等场景。

（2）科学计算

随着 NumPy、SciPy、Matplotlib、Sklearn 等程序库的开发，Python 越来越适合用于科学计算，绘制高质量的二维和三维图像。与科学计算领域广泛使用的软件 MATLAB 相比，Python 作为一种通用的计算机程序设计语言，采用的脚本语言的应用范围更广，支持的程序库更多。

（3）系统管理与自动化运维

Python 提供许多有用的应用程序接口（Application Programming Interface，API），能够方便地进行系统管理和维护。作为 Linux 操作系统的标志性语言之一，Python 是很多系统管理员理想的编程工具。此外，Python 也是运维工程师的首选语言，在自动化运维方面已经深入人心，比如，Saltstack 和 Ansible 都是知名的自动化运维平台。

（4）云计算

Python 是云计算相关工作要求从业者掌握的一门编程语言。云计算框架 OpenStack 就是采用 Python 开发的。如果想要深入学习并进行二次开发，就需要具备 Python 的编程技能。

（5）Web 服务开发

基于 Python 的 Web 开发框架非常多，如 Django、Tornado、Flask 等。例如，Django 架构的应用范围非常广，开发速度非常快，能够快速地搭建可用的 Web 服务。

（6）游戏开发

很多游戏使用 C++编写图形显示这类高性能模块，使用 Python 编写游戏的实现逻辑。

（7）网络爬虫

网络爬虫是大数据行业获取数据的核心工具，被许多大数据公司所使用。能够用于编写网络爬虫的程序设计语言有很多，Python 绝对是其中的主流。基于 Python 的 Scrapy 爬虫框架的应用非常广泛。

（8）数据分析

在大量数据的基础上，结合科学计算和机器学习技术，对数据进行清洗、去重、标准化和有针对性的分析是大数据行业的基石。Python 是目前用于数据分析的主流语言之一。

（9）人工智能

Python 在人工智能领域的机器学习、神经网络、深度学习等方面是主流的编程语言，得到了广泛的支持和应用，例如，深度学习框架 TensorFlow 和 PyTorch 对 Python 有非常好的支持。

1.2 Python 开发环境的搭建

Python 已经被移植到许多平台上，例如 Windows、macOS、Linux 等主流操作系统可以根据需要安装 Python 软件。在 macOS 和 Linux 操作系统中，默认已经安装 Python 软件。如果需要安装其他版本的 Python，那么可以登录 Python 官网，找到相应系统的 Python 安装文件进行下载、安装。

下面详细介绍在 Windows 操作系统上安装和搭建 Python 开发环境的方法。在 Windows 操作系统上，搭建 Python 开发环境的方法不止一种，其中，有两种比较受欢迎，一种是通过 Python 官网下载对应系统版本的 Python 安装文件，另一种是通过开源的 Python 发行版本 Anaconda 安装。下面介绍第一种安装方法。

1.2.1 安装 Python 软件

在 Windows 操作系统上安装 Python 软件的具体步骤如下。

步骤 1：通过浏览器访问 Python 官网，如图 1-1 所示。

步骤 2：选择“Downloads”菜单下的“Windows”选项，如图 1-2 所示。

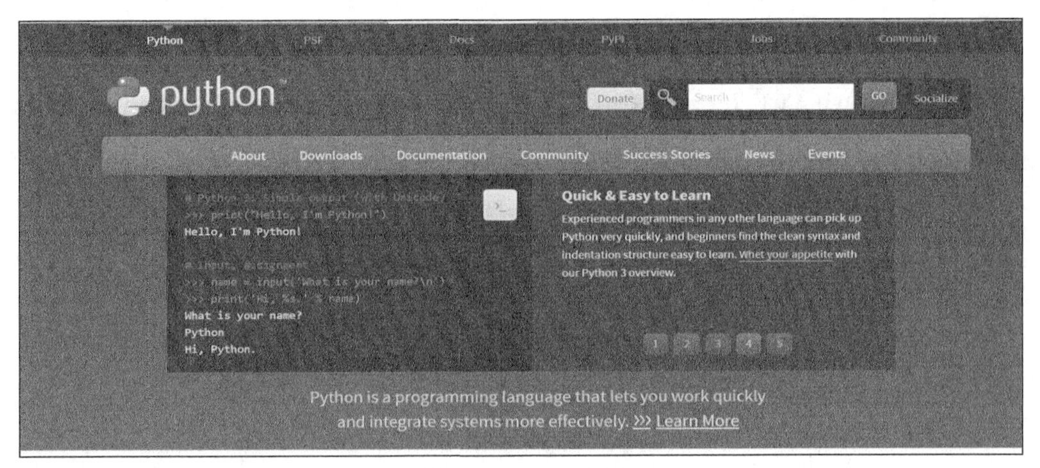

图 1-1　Python 官网

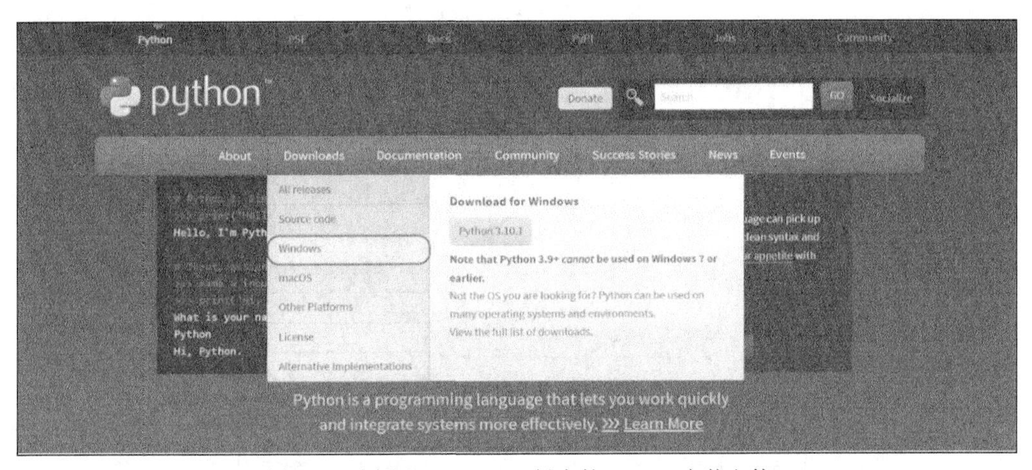

图 1-2　选择“Windows”版本的 Python 安装文件

步骤 3：找到 Python 3.10.1 的安装文件，如果 Windows 操作系统的版本是 32 位，则单击“Download Windows installer (32-bit)”超链接进行下载；如果 Windows 操作系统的版本是 64 位，则单击“Download Windows installer (64-bit)”超链接进行下载，如图 1-3 所示。

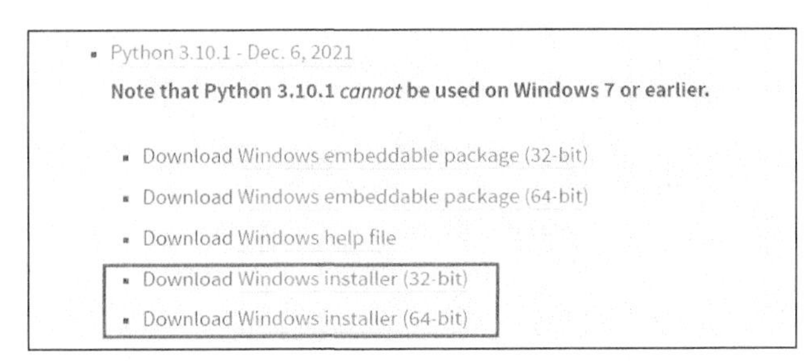

图 1-3　下载 Python 安装文件

步骤 4：完成下载后，双击运行下载的安装文件，在弹出的 Python 安装向导窗口中，勾选“Add Python 3.10 to PATH”复选框，然后单击“Customize installation Choose location and features”按钮，如图 1-4 所示，得到图 1-5 所示的界面。

图 1-4　安装向导窗口

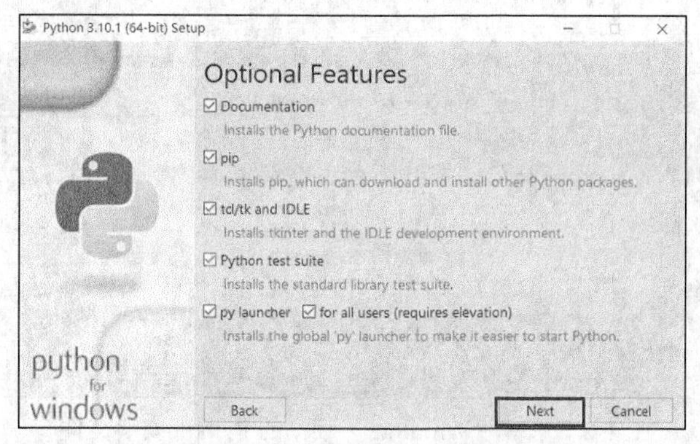

图 1-5　单击“Next”按钮

步骤 5：在图 1-5 所示界面中保持默认选择，单击“Next”按钮，得到图 1-6 所示的弹出界面。在图 1-6 中可以修改安装路径，然后单击“Install”按钮，进行安装。

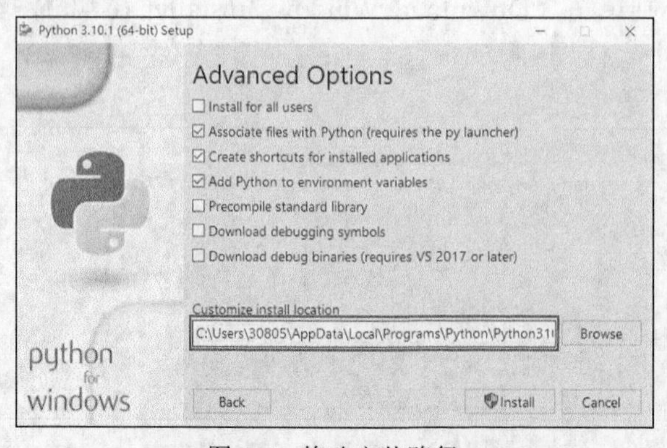

图 1-6　修改安装路径

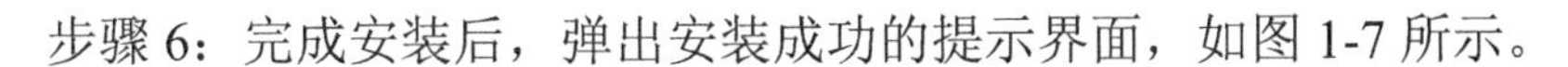

步骤 6：完成安装后，弹出安装成功的提示界面，如图 1-7 所示。

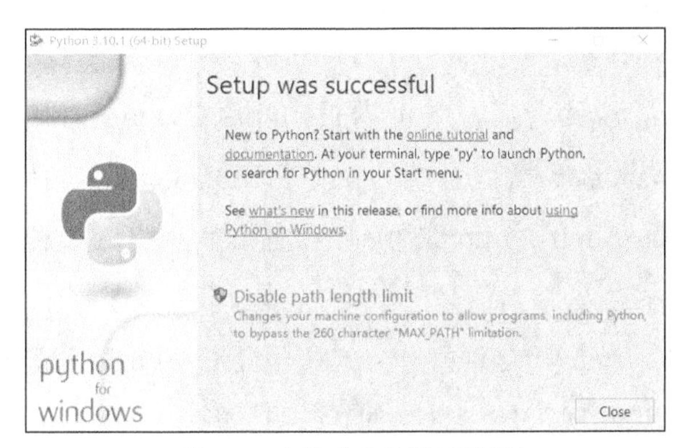

图 1-7　安装成功的提示界面

步骤 7：验证 Python 软件是否安装成功。按下快捷键“Win+R”，在弹出的运行窗口中输入“cmd”，如图 1-8 所示，然后单击“确定”按钮，即可打开命令指示符窗口。这时在命令指示符窗口中输入“python”并按回车键。如果出现图 1-9 所示的界面，那么说明 Python 软件已经安装成功，否则会报错。

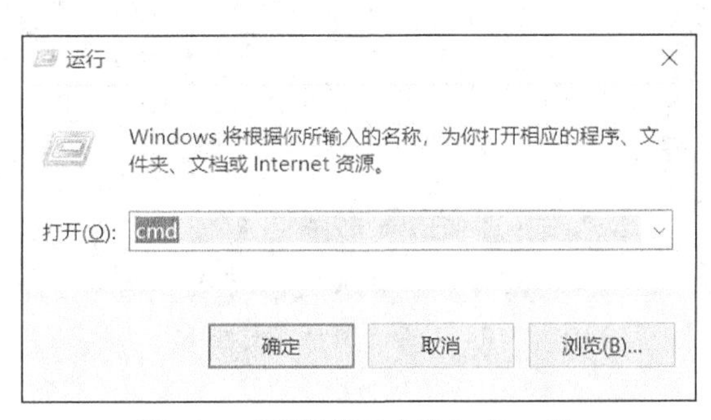

图 1-8　在运行窗口中输入“cmd”

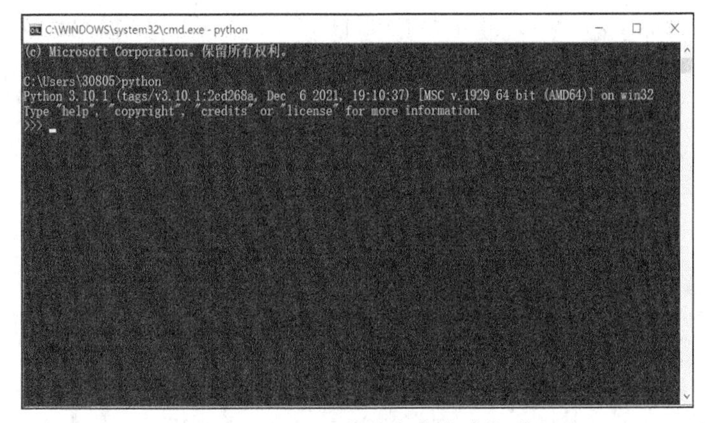

图 1-9　Python 软件安装成功界面

1.2.2 开启 Python 之旅

成功安装 Python 软件之后，就可以正式开启 Python 之旅了。Python 软件的打开方式有 3 种：Windows 操作系统的命令行工具（cmd）、带图形界面的 IDLE、命令行版本的 Python Shell-Python 3.10。下面简单介绍这 3 种打开方式的具体操作方法。

（1）命令行工具（cmd）。这种打开方式和验证 Python 是否安装成功的步骤相同，详见图 1-7～图 1-9。当出现符号“>>>”时，说明已经进入 Python 交互界面编程环境，如图 1-10 所示，此时若想退出 Python 编程环境，输入“exit()”即可。

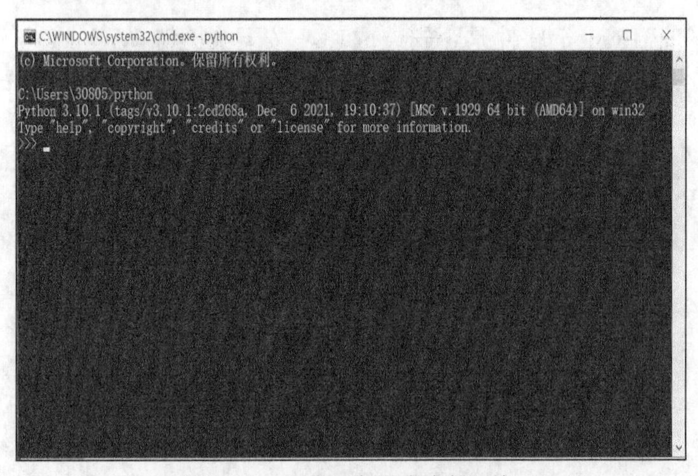

图 1-10　Python 交互式编程环境

（2）带图形界面的 IDLE。IDLE 是 Python 编写程序的基本集成开发环境。IDLE 一般适合用来测试、演示一些简单代码的执行效果。在 Windows 操作系统上安装 Python 软件后，可以在“开始”菜单中找到 IDLE，如图 1-11 所示。然后单击“IDLE (Python 3.10 64-bit)”选项，即可打开 Python 开发环境界面，如图 1-12 所示。

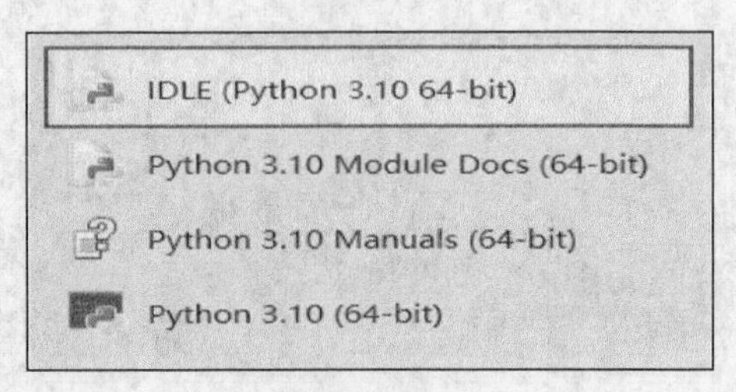

图 1-11　单击“IDLE（Python 3.10 64-bit）”选项

IDLE Shell 3.10.1
File Edit Shell Debug Options Window Help
Python 3.10.1 (tags/v3.10.1:2cc268a, Dec 6 2021, 19:10:37) [MSC v.1929 64 bit (AMD64)] on win32
Type "help", "copyright", "credits" or "license()" for more information.
>>>
Ln: 3 Col: 0

图 1-12　Python 开发环境界面

（3）命令行版本的 Python Shell-Python 3.10。这种打开方式和带图形界面的 IDLE 的打开方式是一样的。在 Windows 操作系统的“开始”菜单中找到“Python 3.10 (64-bit)”，如图 1-13 所示，单击即可。Python 3.10 界面如图 1-14 所示。

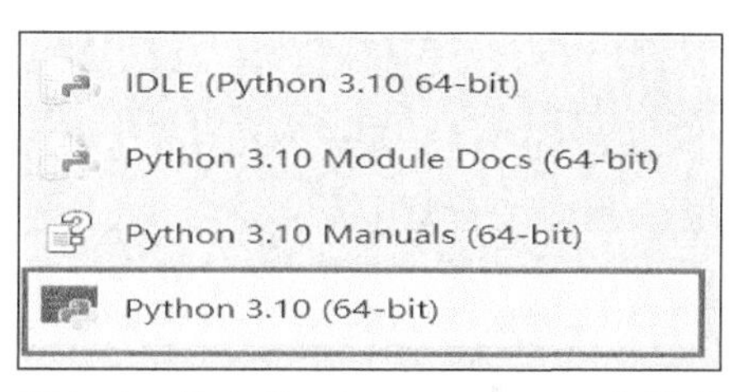

图 1-13　单击“Python 3.10 (64-bit)”选项

图 1-14　Python 3.10 界面

1.2.3 集成开发环境 PyCharm

集成开发环境（Integrated Development Environment，IDE）是一种辅助程序开发人员进行开发工作的应用软件，是集代码的编写、分析、编译、调试等功能于一体的开发软件服务套（组），通常包括编程语言编辑器、自动构建工具和调试器，可以帮助程序开发人员加快开发速度，提高开发效率。Python 中常见的 IDE 有其自带的 IDLE、PyCharm、Jupyter Notebook、Spyder 等。下面详细介绍在 Windows 操作系统上安装、配置 PyCharm 的方法。

PyCharm 是一款由 JetBrains 公司研发的用于开发 Python 的 IDE 开发工具，能够帮助 Python 程序开发人员提高工作效率，具有调试、语法高亮、项目管理、代码跳转、智能提示、自动完成、单元测试、版本控制等功能。

1. 安装 PyCharm

PyCharm 可以跨平台使用，分为社区版和专业版，其中，社区版是免费的，专业版是付费的。对于初学者来说，两种版本的差距不大。PyCharm 具体的安装过程如下。

（1）打开 PyCharm 官网，如图 1-15 所示，单击“DOWNLOAD”按钮。

图 1-15 单击“DOWNLOAD”按钮

（2）选择 Windows 操作系统的社区版，单击“Download”按钮即可进行下载，如图 1-16 所示。

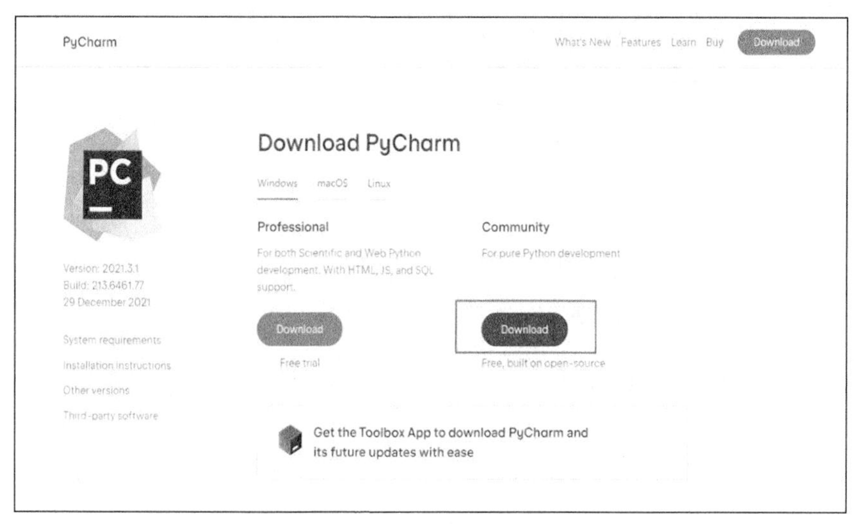

图 1-16　下载 Windows 操作系统的 PyCharm 社区版

（3）完成下载后，双击安装文件，打开安装向导，如图 1-17 所示。单击“Next”按钮，进入自定义安装路径界面，如图 1-18 所示。

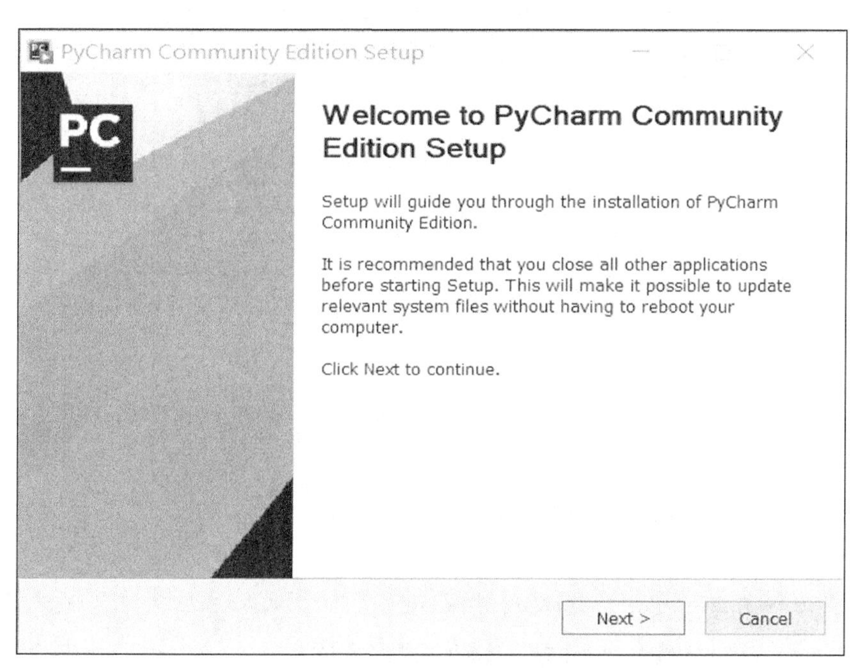

图 1-17　PyCharm 安装向导界面

（4）在图 1-18 中自定义安装路径时，建议安装路径中不要使用中文字符。定义好安装路径后单击“Next”按钮，进入创建桌面快捷方式和关联文件界面，如图 1-19 所示。

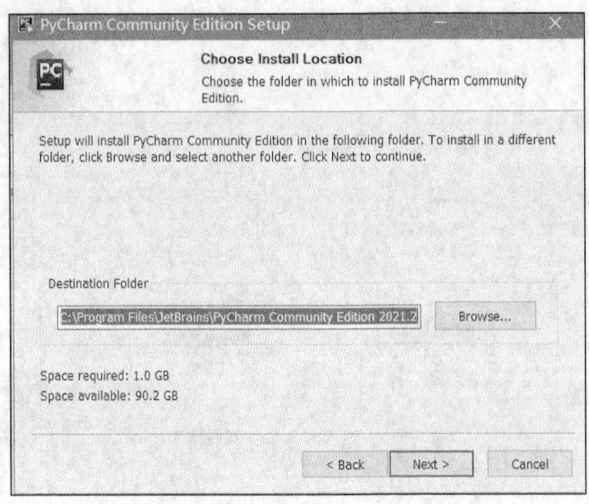

图 1-18　自定义安装路径

（5）在图 1-19 所示界面中选择创建桌面快捷方式、关联.Py 文件，并单击“Next”按钮，进入安装界面。

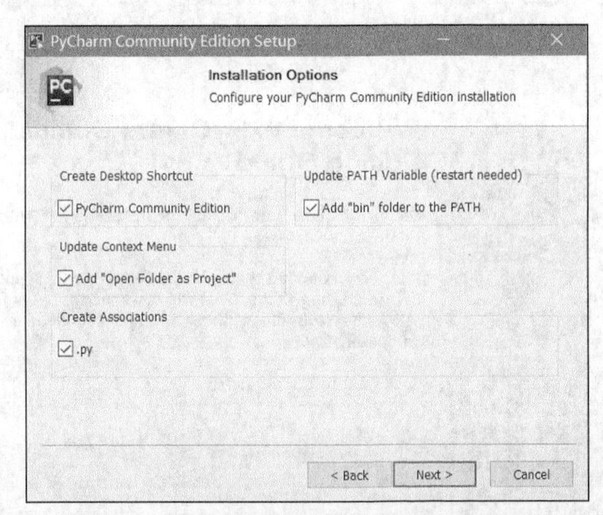

图 1-19　创建桌面快捷方式及关联.py 文件界面

（6）在安装界面中单击“Install”按钮进行默认安装，然后进入安装完成界面，如图 1-20 所示。这时单击“Finish”按钮，即可完成安装。

2．配置 PyCharm

（1）完成 PyCharm 的安装之后，双击桌面快捷方式，启动程序。首次使用 PyCharm 时，系统会询问用户是否导入原有设置，如果是新用户，则直接选择不导入，如图 1-21 所示。

图 1-20　安装完成界面

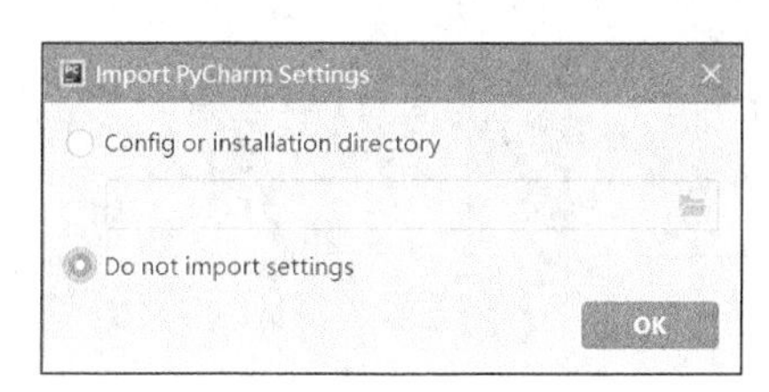

图 1-21　是否导入原有设置界面

（2）单击图 1-21 所示界面中的“OK”按钮后，弹出图 1-22 所示的窗口，选择“New Project”选项创建新项目，跳转到自定义 PyCharm 项目路径和关联解释器的界面，如图 1-23 所示。

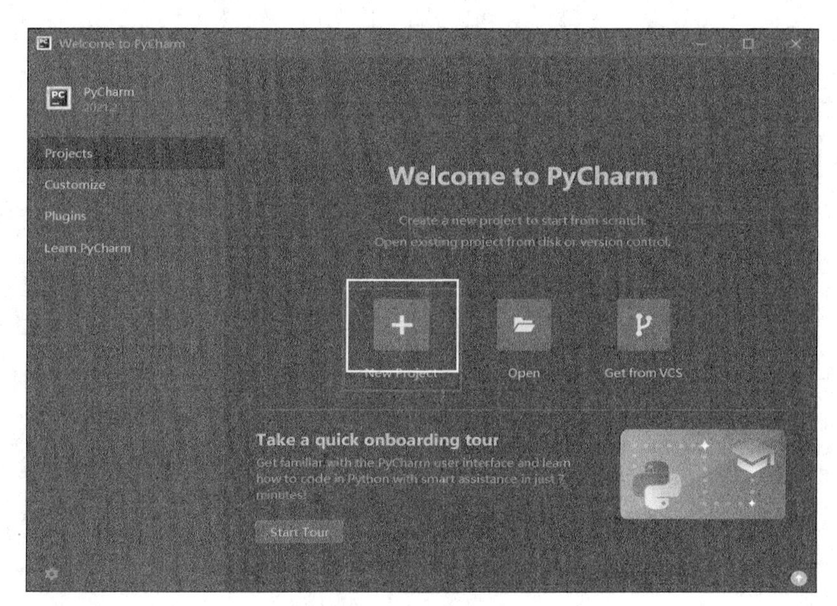

图 1-22　创建新项目

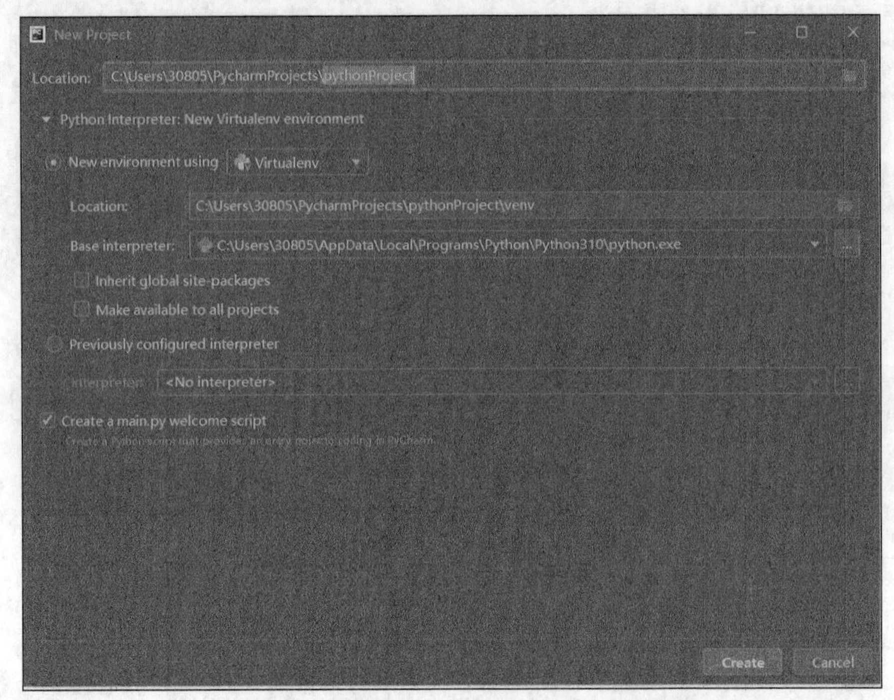

图 1-23　自定义 PyCharm 项目路径和关联解释器

（3）自定义项目路径。单击文件夹图标更改项目路径。建议将项目存储在除 C 盘之外的其他位置，方便更改和查找，如图 1-24 所示。

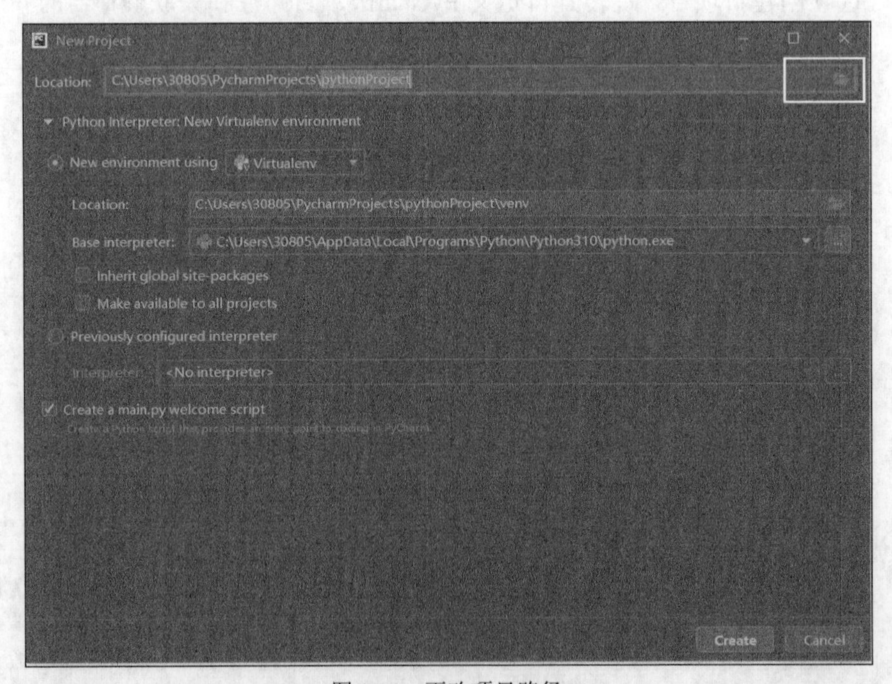

图 1-24　更改项目路径

（4）关联 Python 解释器。在图 1-23 所示界面中选择“Previously configured interpreter”，如图 1-25 所示，然后单击“...”按钮。在弹出的 Add Python Interpreter 界面中，选择“System Interpreter”，单击“OK”按钮，如图 1-26 所示。最后，在弹出的界面中单击“Create”按钮，如图 1-27 所示。

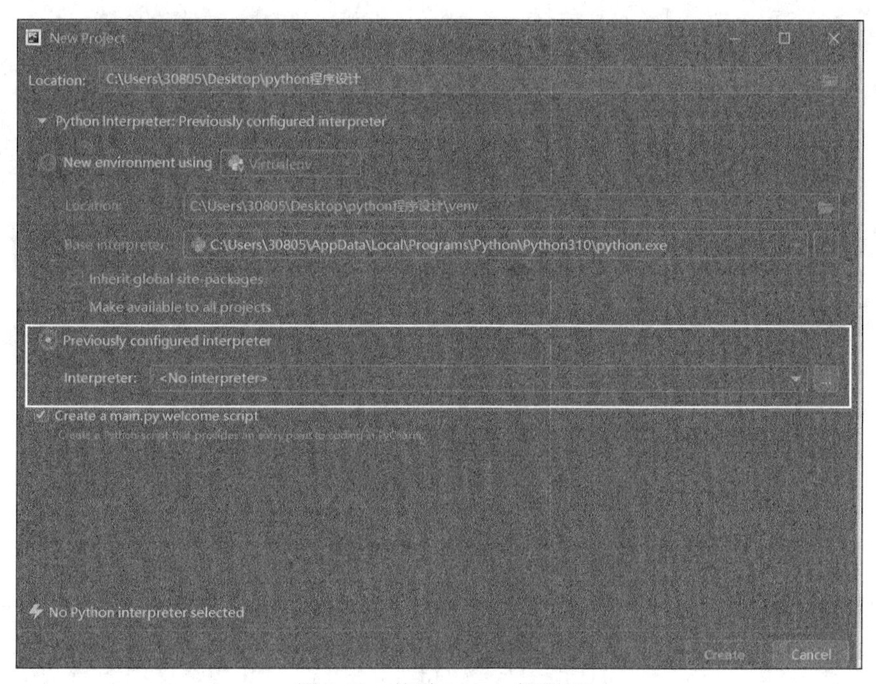

图 1-25　关联 Python 解释器

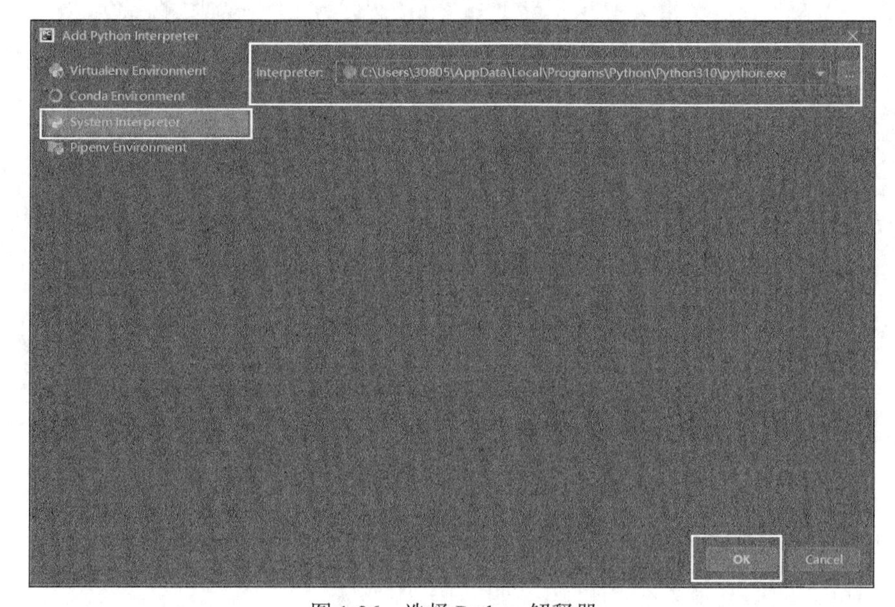

图 1-26　选择 Python 解释器

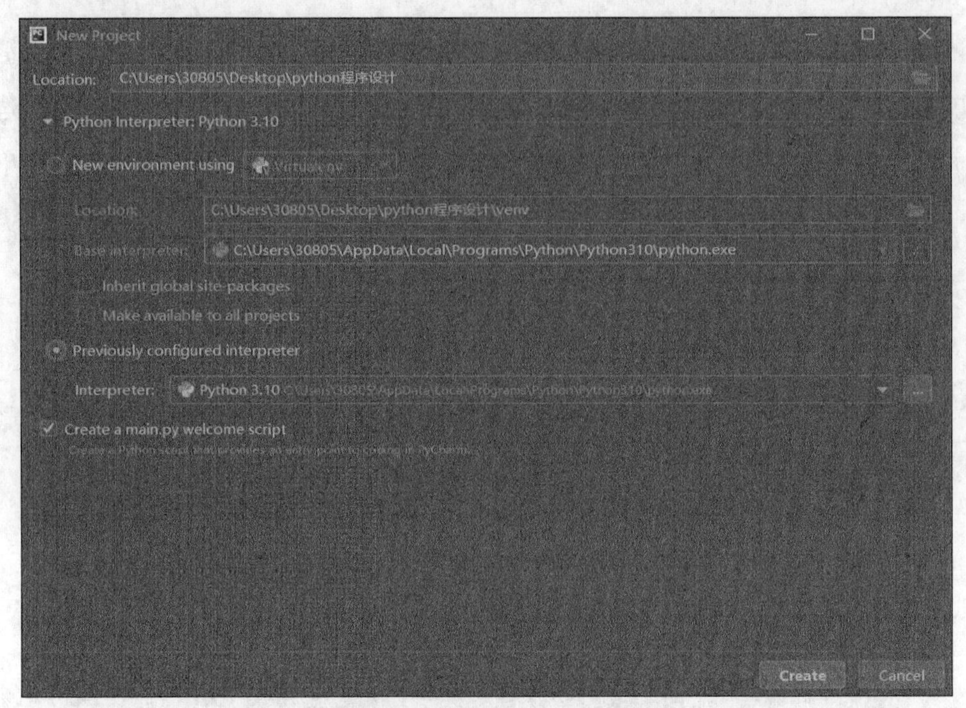

图 1-27　创建 PyCharm 配置

（5）完成配置后进入 PyCharm 界面，如图 1-28 所示。

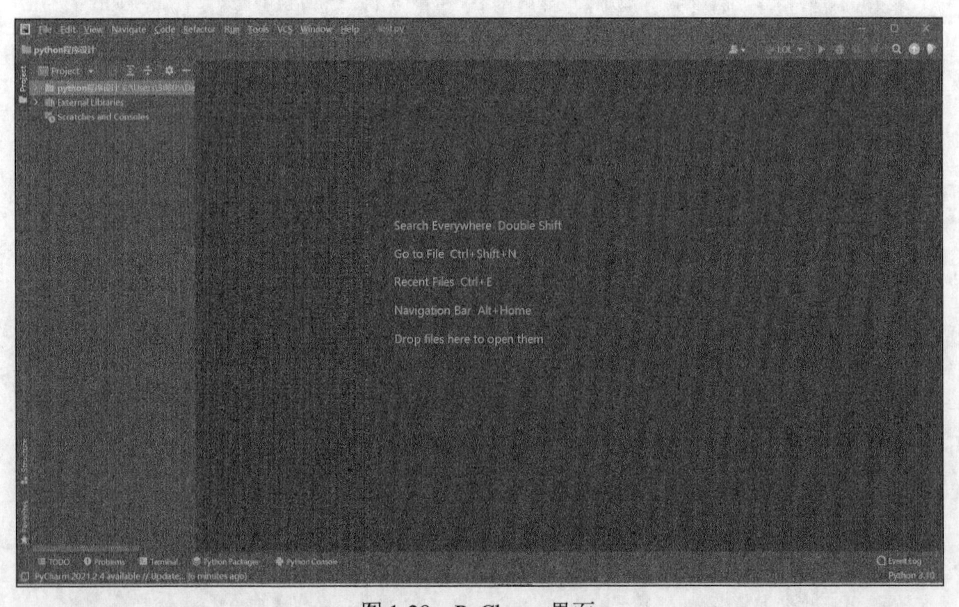

图 1-28　PyCharm 界面

（6）设置字体。在“File”菜单中选择“Settings”—“Editor”—“Font”，可设置 PyCharm 界面的字体大小和行距，如图 1-29 所示。

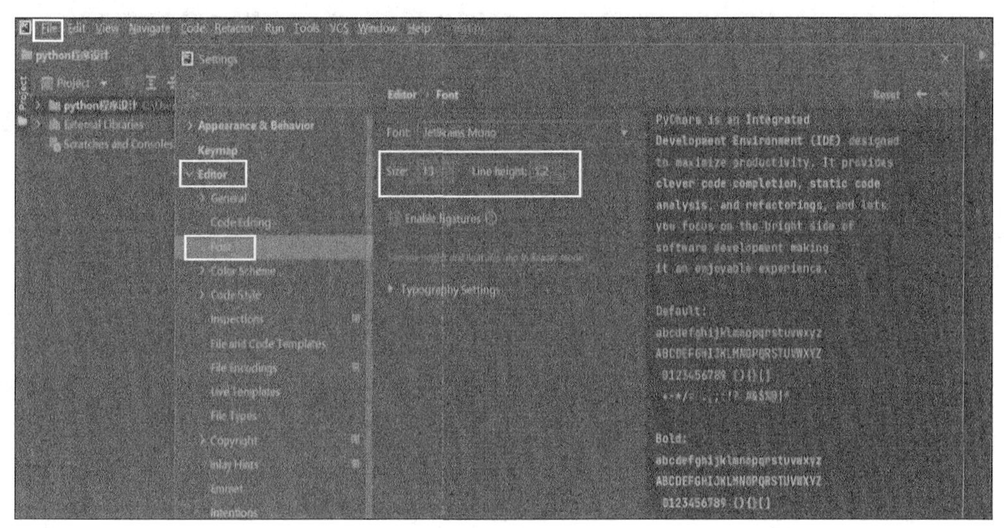

图 1-29　设置 PyCharm 界面的字体大小和行距

（7）设置主题风格。在“File”菜单中选择“Settings”—“Editor”—“Color Scheme”，可设置 PyCharm 界面风格，如图 1-30 所示。

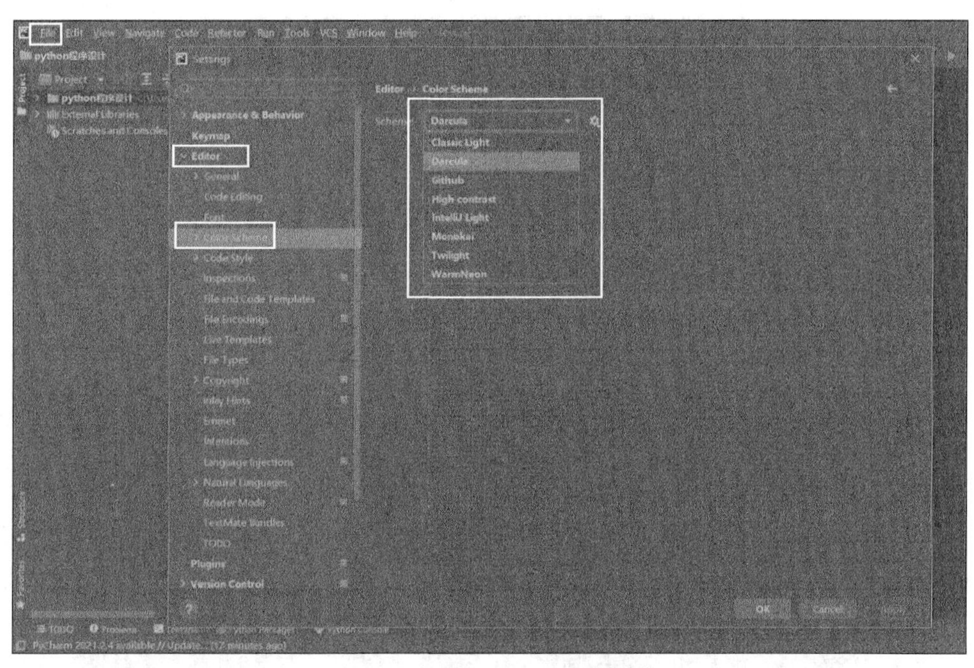

图 1-30　设置 PyCharm 界面风格

3. 使用 PyCharm

（1）创建项目（项目名为 python）后，还需创建一个脚本文件（.py 文件）。右键单击项目名“python”，选择“New”—“Python file”，如图 1-31 所示。

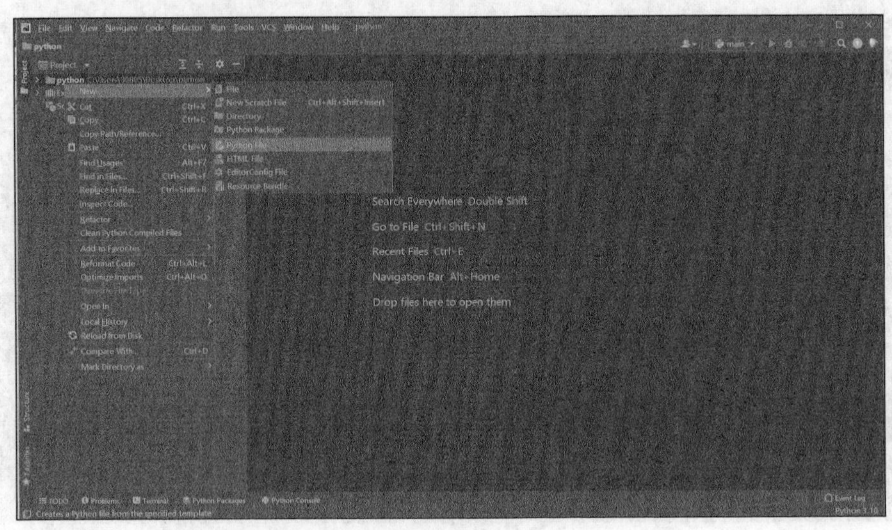

图 1-31　创建.py 文件

（2）在弹出的界面中输入脚本文件的文件名（此处文件名为 study），新建一个 Python 文件，如图 1-32 所示。按回车键打开此脚本文件，如图 1-33 所示。

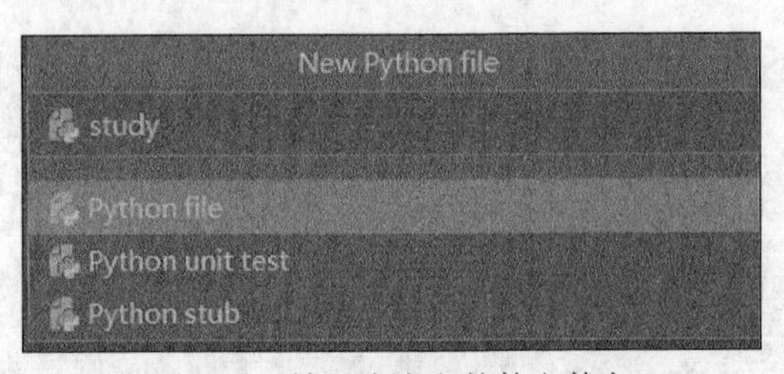

图 1-32　输入脚本文件的文件名

图 1-33　打开脚本文件

（3）输入代码 print（'hello world'之后，在空白区域单击鼠标右键，选择“Run

'Study'” 执行代码，如图 1-34 所示。

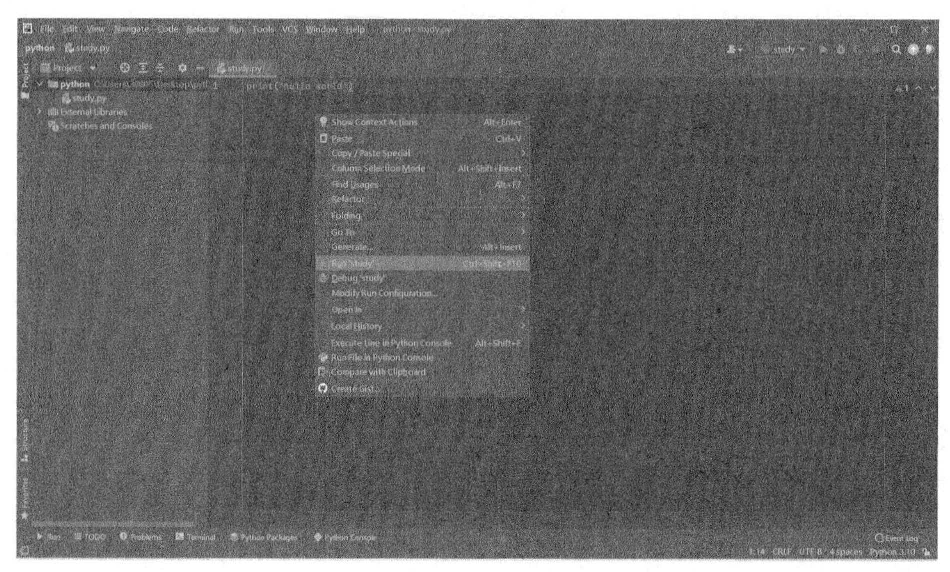

图 1-34　执行代码

在 PyCharm 下方的控制台可以看到“hello world”已经被输出，如图 1-35 所示。

Run: study

```
C:\Users\30805\AppData\Local\Programs\Python\Python310\python.exe C:/Users/30805/Desktop/python/study.py
hello world

Process finished with exit code 0
```

Run　TODO　Problems　Terminal　Python Packages　Python Console　Event Log

PEP 8: W292 no newline at end of file　1:21　CRLF　UTF-8　4 spaces　Python 3.10

图 1-35　控制台输出“hello world”

1.3 Python 代码编写规范

1.3.1　注释

在编程过程中，程序员经常会为某一行或某一段代码添加注释，进行解释或提示，以提高代码的可读性，方便自己和他人清晰地明白代码的具体作用。下面介绍 Python 注释行的用法。

1. 单行注释

单行注释通常以井号（#）开头，注释部分的文字或者代码不会被执行。注释内容不属于程序，因此用哪种文字注释都行。

单行注释的具体用法见示例 1。

【示例 1】

```
# 这是一个单独成行的注释
print('hello, world')   # 这是一个在代码后面的注释
```

2. 多行注释

在实际应用中，Python 代码常常会需要多行注释。多行注释有以下两种方式。

（1）井号注释

多行注释同样可以使用井号进行注释，在每个注释行前加井号即可，见示例 2。

【示例 2】

```
# 这是一个使用井号的多行注释
# 这是一个使用井号的多行注释
# 这是一个使用井号的多行注释
print('hello, world')
```

（2）引号注释

多行注释也可以使用一对 3 个单引号或者 3 个双引号，将注释内容括起来，达到注释多行或者整段内容的效果，见示例 3 和示例 4。

【示例 3】

```
''' 这是一个使用一对 3 个单引号的多行注释
这是一个使用一对 3 个单引号的多行注释
这是一个使用一对 3 个单引号的多行注释
'''
```

【示例 4】

```
"""这是一个使用一对 3 个双引号的多行注释
这是一个使用一对 3 个双引号的多行注释
这是一个使用一对 3 个双引号的多行注释
"""
```

1.3.2 缩进

Python 代码具有特色的地方就是以缩进的方式标识代码块，使代码看起来更加简洁明朗。在 Python 代码中，同一个代码块的语句必须保证相同的缩进量，否则代码将会出错。缩进可以用 2 个空格、4 个空格或一个 Tab 键实现。至于缩进量，Python 并

没有硬性要求，保证同一层次的语句缩进量一致即可。在编程中，Python 代码一般不直接使用空格键来控制语句的缩进，而是使用 Tab 键实现语句的缩进。在编程时，要格外注意因缩进而引发的问题。

示例 5 展示了正确缩进的 Python 代码语句。

【示例 5】

```
if True:
    print('我的缩进量为一个 Tab 键')
else:
    print('我的缩进量也为一个 Tab 键')
```

示例 6 展示了错误缩进的 Python 代码语句。

【示例 6】

```
if True:
    print('我的缩进量为一个 Tab 键')
else:
    print('我的缩进量也为一个 Tab 键')
        print('我的缩进量为 2 个 Tab 键，与上面的缩进量不相同')
```

示例 6 的输出结果为“Indentation Error: unexpected indent”，即运行错误。

1.3.3　命名

在 Python 代码中，变量、函数、类、模块、对象等标识符需要命名。Python 中标识符的命名规则具体如下。

（1）标识符的长度不受限制，可以由英文字符、数字及下划线“_”组成。以下划线开头的标识符具有特殊的意义，例如，以双下划线开头的标识符（如__add）表示类的私有成员，以双下划线作为开头和结尾的标识符（如__init__）表示专用标识符，因此，除非是特定场景的需要，标识符在命名时应避免以下划线开头。

（2）标识符不能以数字开头。

（3）标识符字母区分大小写，例如，“Abc”与“abc”是两个标识符。

（4）标识符不能使用 Python 中的关键字。要查看某字符串是否为关键字，可以使用函数 iskeyword 进行查看。此外，使用函数 kwlist 可以查看所有关键字。示例 7 展示了这两个函数的用法。

【示例 7】

```
import keyword
print(keyword.iskeyword('and'))  # 查看 and 是否为关键字
print(keyword.kwlist)            # 查看所有的关键字
```

示例 7 的输出结果如下。

```
True
['False', 'None', 'True', 'and', 'as', 'assert', 'async', 'await', 'break',
'class', 'continue', 'def', 'del', 'elif', 'else', 'except', 'finally', 'for',
'from', 'global', 'if', 'import', 'in', 'is', 'lambda', 'nonlocal', 'not', 'or',
'pass', 'raise', 'return', 'try', 'while', 'with', 'yield']
```

本章小结

本章不仅介绍了 Python 的发展、特点和应用领域，而且介绍了 Python 的安装方法，其中，重点介绍了 PyCharm 的安装过程。本章内容可总结为以下几点。

（1）Python 的特点：简单易学、免费、开源，有丰富的标准库和互动模式，可移植、可扩展、可嵌入。

（2）Python 的应用场景丰富，适合用于软件开发、科学计算、系统管理与自动化运维、Web 服务开发、人工智能等。

（3）推荐使用 IDE 开发工具 PyCharm，该工具的功能十分强大，能够提高开发效率。

（4）在 Python 代码中可以用井号进行单行/多行注释，此外，还可以使用一对 3 个单/双引号进行多行注释。

（5）Python 使用缩进区分代码块的层级，同一层次语句的缩进量必须相同。

（6）Python 对标识符的命名有明确的规则。

本章习题

1．熟悉 Python 的安装方法。

2．使用 PyCharm 创建一个名为 python 的项目，并在此项目下创建一个名为 training 的脚本文件（.py 文件）。

第 2 章　Python 基础

【能力目标】

（1）使用输入与输出进行基本的人机交流。

（2）掌握基本的数据处理方法，并转换为代码形式。

【知识目标】

（1）掌握输入与输出命令的使用方法。

（2）理解变量的含义和使用方法。

（3）掌握数据类型的特征和字符串常见的操作方法。

（4）掌握各种数据类型之间的转换方法。

（5）掌握不同类型运算符的使用方法。

（6）掌握基本的文本处理技巧。

【素质目标】

（1）培养严谨的工作态度。

（2）培养自主学习和解决问题的能力。

2.1　输入与输出

2.1.1　输入函数 input()

Python 使用函数 input()接收用户输入的数据，并返回一个字符串类型的数据。函数 input()的格式如下。

【语法】

```
变量名 = input([prompt])
```

【说明】

prompt 是函数 input()的参数，用于设置接收用户输入时的提示信息，可以省略。

示例 1 展示了函数 input()的使用方法。

【示例 1】

```
name = input("请输入您的姓名:")
print(name)
```

运行示例 1 代码，根据提示在输入框中输入数据后，输入的数据会在用户按下回车键后传递到代码中。输出结果如下。

```
请输入您的姓名：李平
李平
```

2.1.2 输出函数 print()

Python 使用函数 print()输出相关内容。函数 print()的格式如下。

【语法】

```
print(e1, e2, e3, …)
```

【说明】

参数 e1,e2,e3,…是函数 print()需要输出的内容。函数 print()会依次输出每个参数的值，这些值之间默认的分隔符为空格。此外，函数 print()可以使用参数 sep 指定分隔符。

示例 2 展示了函数 print()的使用方法。

【示例 2】

```
print(3, 4, 5)
print(3, 4, 5, sep = ",")
print(3, 4, 5, sep = "")  # 分隔符为空表示没有分隔符
print(3, 4, 5, sep = "#")
```

示例 2 的输出结果如下。

```
3 4 5
3, 4, 5
```

```
345
3#4#5
```

函数 print()执行结束后会默认换行，即下次执行时，会从新的一行开始输出结果，见示例 3。

【示例 3】

```
print("hello")
print("world")
```

示例 3 的输出结果如下。

```
hello
world
```

如果不希望函数 print()的输出结果换行，则可以用参数 end 指定输出的结束符，见示例 4。

【示例 4】

```
print("hello", end = " ")
print("world")
```

示例 4 的输出结果如下。

```
hello world
```

2.2 变量与基本数据类型

2.2.1 变量

变量就像计算机内存中的一个盒子，用于存储规定范围内的值。在程序运行过程中，变量的值可以改变。

1. 赋值语句

赋值语句的格式如下。

【语法】

```
变量名 = 值
```

【说明】

赋值语句可以将值保存在变量中，例如，输入赋值语句 spam = 42，那么名为 spam 的变量将保存一个整型值 42。因此，变量可以看成一个带标签的盒子，而值放在其中，如图 2-1 所示。

图 2-1　将变量看作盒子，值放在其中

示例 5 展示了赋值语句的使用方法。

【示例 5】

```
spam = 42
eggs = 2
spam = spam+eggs
print(spam)
spam = "Goodbye"
print(spam)
```

示例 5 的输出结果如下。

```
44
Goodbye
```

第一次存入一个值后，变量就被初始化（或创建）。此后，赋值后的变量可以在表达式中直接使用。如果变量被赋予一个新值，那么之前赋予的值就被覆盖了，这就是在示例 5 中，spam 的值从 42 变为 44，最终变成 Goodbye 的原因。这个过程称为覆写该变量。

2. 多变量赋值

多变量赋值的格式如下。

【语法】

```
变量名1 = [变量名2] = [变量名3] =…= [变量名n] = 值  # 方式1
变量名1, [变量名2], [变量名3], …, [变量名n] = 值1, [值2], [值3], …, [值n] # 方式2
```

【说明】

多变量赋值可以将多个变量赋值为同一个值，如方式 1 所示。在方式 1 中，最后一个“=”的左边为多个变量名，右边为赋予这些变量的值。多变量赋值也可以为多个变量赋不同的值，如方式 2 所示，变量 1 对应值 1，变量 2 对应值 2，以此类推。变量名需要与变量值一一对应，否则，程序将会报错，见示例 6。

【示例 6】

```
a, b, c = 1, 2, 3
a = b = c = 6
a, b = b, a
a, b = 2
```

可以看出，只有一条赋值语句是错误的，没有做到一一对应，因而程序会报错。

3. 变量名

变量名也称为变量的标识符，遵守以下规则。

（1）变量名只能由字母、数字和下划线组成，可以由字母或下划线开始，但不能以数字开始。

【例 2-1】变量名可以为 name_1，但不能为 1_name，也不能为 new name。

（2）变量名不能使用 Python 关键字和函数名，即不使用 Python 中用于特殊用途的单词。

【例 2-2】变量名不可为 print、input、for、break、if 等。

（3）变量名应既简短又具有描述性。

【例 2-3】变量名 name 比变量名 n 好，变量名 student_name 比变量名 s_n 好。

（4）变量名是区分大小写的。

【例 2-4】变量名 spam、SPAM、Spam 和 sPaM 表示 4 个不同的变量。变量名用小写字母开头是 Python 的惯例。

慎用小写字母 l 和大写字母 O，因为它们可能被错看成数字 1 和数字 0。

要创建好的变量名，就要经过一定的实践，在程序复杂而有趣时尤其如此。当编写的代码越来越多，并开始阅读别人编写的代码时，你将越来越善于创建有意义的变量名。

2.2.2　基本数据类型

根据数据存储形式的不同，Python 中的数据类型分为数字类型、字符串数据类型和一些相对复杂的组合数据类型（如列表、元组、集合、字典等）。下面介绍数字类型和字符串数据类型，组合数据类型将在后面的章节中进行介绍。

1. 数字类型

Python 中常见的数字类型分为整型（int）、浮点型（float）和布尔类型（bool）。整型、浮点型的数据分别对应数学中的整数和小数；布尔类型比较特殊，是整型数字类型的子类，只有真（True）和假（False）两种取值。几种数字类型及其值示例如表 2-1 所示。

表 2-1　几种数字类型及其值示例

数字类型	值示例
整型	0、101、−239
浮点型	3.1415、4.2E−10、−2.334E−9
布尔类型	True、False

（1）整型

整型是整数的数字类型，在 Python 中用 int 表示。整型的表示方式有 4 种，分别是十进制、二进制（以“0b”或者“0B”开头）、八进制（以“0o”或者“0O”开头）和十六进制（以“0x”或者“0X”开头）。在 Python 中，整型变量表示的范围是有限的，且与系统的最大整数值保持一致。例如，32 位 Windows 操作系统上的整型数据最多有 32 位，可表示的值的范围为-2^{31}～（$2^{31}-1$）。

示例 7 展示了将小明的年龄使用变量 xiaoming_age 保存，并输出相应结果。

【示例 7】

```
xiaoming_age = 18
print(xiaoming_age)
```

示例 7 的输出结果如下。

```
18
```

（2）浮点型

浮点型是小数的数字类型，在 Python 中用 float 表示。例如，小数 3.14 就是浮点型数据。它有两种表示形式，分别为普通的数字形式 3.14，以及科学计数法 3.14E0，表示 3.14×10^0。如果将变量赋值为这两种形式的数据，例如，pi = 3.14，或者 pi = 3.14E0，那么 Python 默认将变量类型设置为浮点型。

示例 8 展示了生成一个变量 xiaoming_height 保存小明的身高信息并输出相应结果，其中，小明的身高是 178.0cm。

【示例 8】

```
xiaoming_height = 178.0
print(xiaoming_height)
```

示例 8 的输出结果如下。

```
178.0
```

注意：

178.0 属于浮点型数字类型。可以认为凡是带小数点的数字都是浮点型，不必考虑其值是不是整数。

（3）布尔型

布尔型数字类型是特殊的整型数字类型，在 Python 中用 bool 表示。布尔型数据的值只有两个，分别是真（True）和假（False），其中，这两个单词的首字母大写。如果将布尔型数据用于数值运算，那么 True 被当作整数 1，False 被当作整数 0。例如，代码 print(1+True)的输出结果为 2。每个 Python 对象都自带布尔型数据属性，经常被用来做测试和条件判断。

示例 9 声明了一个变量 xiaoming_sanhao，保存小明是否是三好学生的信息，并输出相应结果，其中，小明是三好学生。

【示例 9】

```
xiaoming_sanhao = True
print(xiaoming_sanhao)
```

示例 9 的输出结果如下。

```
True
```

2．字符串数据类型

字符串是一种表示文本的数据类型，在 Python 中用 str 表示。字符串数据类型在 Python 中被定义为一个字符集合，其中，字符可以是 ASCII[①]字符和 Unicode 字符。

字符串有 3 种创建方式，分别是使用单引号、双引号和三引号，例如：'xiaoming'、

① ASCII：American Standard Code for Information Interchange，美国信息交换标准代码。

"小明"、"""小明 xiaoming"""，其中，使用三引号创建字符串时，字符串可以换行。使用这 3 种方式创建的字符串没有区别，但需要注意的是，在使用单引号创建的字符串中，不能出现单引号，同理使用双引号和三引号创建的字符串中不能出现双引号和三引号。例如，'let's go'、"你"好"都是错误的。

示例 10 展示了将信息“我的名字叫小明，我今年 18 岁，我的身高是 178.6 cm”存入变量 xiaoming，并输出相应结果。

【示例 10】

```
xiaoming = '我的名字叫小明，我今年 18 岁，我的身高是 178.6 cm'
print(xiaoming)
```

示例 10 的输出结果如下。

```
我的名字叫小明，我今年 18 岁，我的身高是 178.6 cm
```

在 Python 中，如果要让字符串的输出换行，或者字符串中包含单引号（' '），那么需要用到字符串的转义字符（\）。单个反斜杠表示下一个字符没有特殊含义。

如果将示例 10 中的信息改为：我的名字叫'小明'，我今年 18 岁，我的身高是 178.6 cm，那么可以看出，需要输出的内容中包含一对单引号。如果直接使用：我的名字叫'小明'，我今年 18 岁，我的身高是 178.6 cm，那么中间的两个单引号将不符合 Python 中单引号创建字符串的规范，这时就需要用到转义字符（\）来完成，见示例 11。

【示例 11】

```
xiaoming ='我的名字叫\'小明\'，我今年 18 岁，我的身高是 178.6cm
print(xiaoming)
```

示例 11 的输出结果如下。

```
我的名字叫'小明'，我今年 18 岁，我的身高是 178.6cm
```

转义字符除了转义的作用外，还有一些特定组合用于表示特定的含义，例如，“\n”表示换行，“\t”表示空 4 个字符位置。转义字符及其含义如表 2-2 所示。

表 2-2 转义字符及其含义

转义字符	含义
\（在行尾时）	续行符
\\	反斜杠符号
\'	单个单引号

（续表）

转义字符	含义
\"	单个双引号
\a	响铃
\b	退格（Backspace）
\e	转义
\000	空
\n	换行
\v	纵向制表符
\t	横向制表符，空 4 个字符位置，等效于 Tab 键
\r	回车
\f	换页

2.3 数据类型的查看与转换

2.3.1 数据类型的查看

在 Python 中，声明变量时不需要定义变量的类型。当遇到复杂的数据类型或者变量之间耦合度较高时，就会有不知道变量类型的情况，这时可以使用函数 type()返回变量类型。

在示例 12 中，变量保存了姓名（小明）、年龄（18 岁）和身高（178.6 cm）信息，然后输出这些变量的类型。可以看出，需要声明 3 个变量，分别保存“小明”“18”“178.6”，之后使用函数 type()判断各个变量的类型并打印输出。

【示例 12】

```
name = '小明'
age = 18
height = 178.6
print(type(name))
print(type(age))
print(type(height))
```

示例 12 的输出结果如下。可以看出，函数 type()分别输出了 3 个变量各自的类型。

```
<class 'str'>
<class 'int'>
<class 'float'>
```

2.3.2 数据类型的转换

在 Python 中，整型、字符串、浮点型数据之间的转换非常简便，只需要调用函数 str()、int()和 float()就能实现。但需要注意：字符串数据类型的字符必须全部是数字，这样才能被转换为整型和浮点型数据类型。通俗来讲，就是字符串由数字组成。

示例 13 声明了一个变量，保存数字 38，然后将其转换为浮点型和字符串数据类型并输出相应结果。

【示例 13】

```
num = 38
num_float = float(num)
num_str = str(num)
print(num, type(num))
print(num_float, type(num_float))
print(num_str, type(num_str))
```

示例 13 的输出结果如下。可以看出，变量类型很简便地实现了转换。

```
38 <class 'int'>
38.0<class 'float'>
38<class 'str'>
```

2.4 运算符

对数据进行的变换称为运算，表示运算的符号称为运算符，参与运算的数据称为操作数。例如，在加法运算 1+2 中，+称为运算符，数字 1 和 2 称为操作数。本节主要介绍 Python 中的算术运算符、赋值运算符、比较运算符、逻辑运算符、成员运算符和身份运算符。

2.4.1 算术运算符

算术运算符主要用于数值计算。Python 中主要的算术运算符如表 2-3 所示。

表 2-3 Python 中主要的算术运算符

算术运算符	描述	示例（a =10, b = 20）
+	加法运算：两个数相加	a + b，输出结果为 30
–	减法运算：两个数相减	a – b，输出结果为-10
*	乘法运算：两个数相乘	a * b，输出结果为 200
/	除法运算：两个数相除	b / a，输出结果为 2
%	取模运算：返回除法运算的余数	b % a，输出结果为 0
**	幂运算：a**b 表示返回 a 的 b 次幂	3**2，输出结果为 9
//	取整除运算：返回商的整数部分	9//2，输出结果为 4；9.0//2.0，输出结果为 4.0

例如，小明于 2000 年出生，那么在 2018 年计算小明年龄的思路如下。

首先将 2000 和 2018 存储在变量中，然后通过算术运算符“–”求出变量之间的差值，这个差值就是小明的年龄，见示例 14。

【示例 14】

```
xiaoming_born = 2000
now = 2018
xiaoming_age = now - xiaoming_born
print(xiaoming_age)
```

示例 14 的输出结果如下。

```
18
```

注意：

在 Python3 中，对于除法运算，如果两个操作数都是整数，那么输出结果将自动转换为浮点型；如果操作数包含浮点数，那么输出结果将为浮点型。

2.4.2 赋值运算符

赋值运算符的作用是把等号右边的表达式或者对象赋给等号左边的变量。赋值运算等除了支持普通的单变量和多变量的赋值（如 a=1、a,b=1、a,b=1,2）外，还支持多变量多重赋值，如 a=b=c=1，也支持数据运算结果赋值如 num=1+2。

赋值运算符和算术运算符可以组合为特殊的复合赋值运算符，同时具备运算和赋值两项功能。Python 中常见的复合赋值运算符如表 2-4 所示。

表 2-4 Python 中常见的复合赋值运算符

复合赋值运算符	描述	示例
+=	加法赋值运算符	c += a 等效于 c = c + a
-=	减法赋值运算符	c -= a 等效于 c = c - a
*=	乘法赋值运算符	c *= a 等效于 c = c * a
/=	除法赋值运算符	c /= a 等效于 c = c / a
%=	取模赋值运算符	c %= a 等效于 c = c % a
**=	幂赋值运算符	c **= a 等效于 c = c ** a
//=	取整除赋值运算符	c //= a 等效于 c = c // a

除以上复合赋值运算符外，Python 3.8 版本新增了一种赋值运算符——海象运算符“:=”，该运算符用于在表达式内部为变量赋值。因其形似海象的眼睛和长牙，故被命名为海象运算符。示例 15 展示了此运算符的使用方法。

【示例 15】

```
num_one = 1
result = num_one + (num_two:=2)     # 使用海象运算符为变量 num_two 赋值
print(result)
```

示例 15 的输出结果如下。

```
3
```

2.4.3 比较运算符

比较运算符用于两个数的比较运算，其返回结果只能是布尔值 True 或 False。Python 中常见的比较运算符及其描述与示例如表 2-5 所示。

表 2-5 Python 中常见的比较运算符

比较运算符	描述	示例（a =10 , b = 20）
==	等于，表示比较对象是否相等	(a == b) 返回 False
!=	不等于，表示比较两个对象是否不相等	(a != b) 返回 True
>	大于，a>b 表示比较 a 是否大于 b	(a > b) 返回 False
<	小于，a<b 表示比较 a 是否小于 b	(a < b) 返回 True
>=	大于或等于，a>=b 表示比较 a 是否大于或等于 b	(a >= b) 返回 False
<=	小于或等于，a<=b 表示比较 a 是否小于或等于 b	(a <= b) 返回 True

示例 16 比较了小华和小峰的年龄大小，其中，小华 15 岁，小峰 16 岁。具体思路为：将小华的年龄 15 和小峰的年龄 16 存储在变量中，通过比较运算符“>”比较两人年龄的大小。

【示例 16】

```
Xiaohua = 15
Xiaofeng = 16
print(xiaohua>xiaofeng)
```

示例 16 的输出结果如下。

```
False
```

可以看出，比较运算符左边的值比右边的值小，即小华的年龄比小峰的年龄小。

注意：

① “=”为赋值运算符，“==”为等号运算符。

② “>”“<”“>=”“<=”只支持同类型数据之间的比较。

③ “==”“！=”支持所有数据类型的比较，如数字类型、布尔类型。

2.4.4　逻辑运算符

逻辑运算符用于对两个布尔类型操作数进行运算，其结果是布尔值。Python 中常见的逻辑运算符如表 2-6 所示。

表 2-6　Python 中常见的逻辑运算符

逻辑运算符	逻辑表达式	描述
and	x and y	与运算：x 和 y 同为 True 时，返回 True，否则返回 False
or	x or y	或运算：x 和 y 中有一个为 True 时，返回 True，否则返回 False
not	not x	非运算：如果 x 为 True，返回 False；如果 x 为 False，返回 True

示例 17 展示了变量 x 赋值为 7*3，判断输出 x 值是否大于 10 且小于 20。具体思路为：设置变量 x，首先用比较运算符“>”和“<”对数值进行比较，然后用逻辑运算符“and”对比较结果进行逻辑运算。

【示例 17】

```
x=7*3
print(x>10 and x<20)
```

示例 17 的输出结果如下。可以看出，x 的值为 21，明显大于 10 和 20。在比较运算中，x>10 返回 True，x<20 返回 False。在逻辑运算中返回 False。

```
False
```

注意：

当表达式中有多个逻辑运算符时，计算的优先级为 not > and > or。例如：表达式 8>5 or 3+2 == 6 and 5+7 <9，计算后得到表达式为 True or False and False。此时，应先执行 and 运算，得到表达式 True or False；然后执行 or 运算，得到的结果为 True。

2.4.5 成员运算符

成员运算符用来判断指定的序列中是否包含某个值，如果包含，则返回 True，否则返回 False。Python 中常见的成员运算符如表 2-7 所示。

表 2-7 成员运算符

成员运算符	描述	示例
in	如果在指定的序列中找到值，则返回 True，否则返回 False	x in y 表示如果 x 在序列 y 中，则返回 True，否则返回 False
not in	如果在指定的序列中没有找到某个值，则返回 True，否则返回 False	x not in y 表示如果 x 不在序列 y 中，则返回 True

示例 18 展示了判断字母 b 是否在字符串 Happy birthday to you!中，具体思路为：使用成员运算符"in"来判断。

【示例 18】

```
print('b' in ' Happy birthday to you!')
```

示例 18 的输出结果如下。

```
True
```

注意：

表 2-7 中的 y 只能是可迭代对象，例如，字符串、列表、元组、集合、字典等。当 y 为非迭代对象（如日期、数值）时，使用成员运算符进行运算将会报错，例如，print(1 in 12)将会报错。可迭代对象是指存储了元素的容器对象，该对象中的元素可以通过遍历位置进行访问；反之则为非迭代对象。

2.4.6 身份运算符

身份运算符用于比较两个对象的存储地址。Python 中常见的身份运算符如表 2-8 所示。

表 2-8 身份运算符

身份运算符	描述	示例（x 为变量，y 为变量）
is	判断两个标识符是不是引用自同一个对象，如果是则返回 True，否则返回 False	x is y 等效于 id(x) == id(y)，表示如果 x 和 y 引用自同一个对象或者保存在同一个内存地址块，则返回 True，否则返回 False
is not	判断两个标识符是不是引用自不同对象，如果是则返回 False，否则返回 True	x is not y 等效于 id(x) != id(y)，表示如果 x 和 y 引用自同一个对象或者保存在同一个内存地址块，则返回 False，否则返回 True

注：函数 id()返回的是对象指向内存的地址，是一串阿拉伯数字，经常用于判断对象是否相同。

在示例 19 中，a、b 两个变量分别赋值为 66，然后使用身份运算符比较它们的存储地址。

【示例 19】

```
a = 66
b = 66
print(a is b)
print(id(a))
print(id(b))
```

示例 19 的输出结果如下，其中，140720928927568 表示数字 66 所指向的内存地址。可以看出，变量 a 和变量 b 是指向同一块内存地址，即它们引用自同一个对象。

```
True
140720928927568
140720928927568
```

注意：

“is”与“==”的区别在于“is”用于判断两个变量的引用对象是否为同一个，而“==”用于判断引用变量的值是否相等。

2.4.7 运算符优先级

Python 支持使用多个不同的运算符来连接简单表达式，以实现相对复杂的功能。

为了避免含有多个运算符的表达式出现歧义，Python 为每种运算符设置了优先级。对 Python 中运算符按优先级从高到低的顺序进行排序，如表 2-9 所示。

表 2-9　Python 中运算符优先级排序

运算符	描述
**	幂
*、/、%、//	乘、除、取模、整除
+、-	加、减
>>、<<	按位右移、按位左移
&	按位与
^、|	按位异或、按位或
==、!= 、>=、>、<=、<	比较运算符
in、not in	成员运算符
not、and、or	逻辑运算符
=	赋值运算符

需要说明的是，如果表达式中运算符的优先级相同，那么按从左向右的顺序执行；如果表达式中包含小括号，那么优先执行小括号中的子表达式。

示例 20 对运算符的优先级进行了验证。

【示例 20】

```
a = 6
b = 3
c = 2
result_01 = (a-b) + c          # 先执行圆括号中的子表达式，再执行加法运算
result_02 = a/b%c              # 先执行除法运算，再执行取余运算
result_03 = 3* c**b            # 先执行幂运算，再执行相乘运算
print(result_01)
print(result_02)
print(result_03)
```

示例 20 的输出结果如下。

```
5
0.0
24
```

2.4.8　技能实训

身体质量指数（Body Mass Index，BMI）与体重和身高相关，是国际上常用的衡量人体胖瘦程度及是否健康的标准。BMI 值的计算公式如下。

$$\text{BMI 值}=\text{体重}\div\text{身高}^2$$

其中，体重的单位为 kg，身高的单位为 cm。

请编写代码，实现根据用户输入的体重和身高数据，计算 BMI 值的功能。

2.5　文本处理

2.5.1　格式化字符串

1．使用运算符拼接字符串

在 Python 中，可以使用算术运算符“+”拼接字符串。算术运算符“+”左边的字符串会在最末尾的地方拼接“+”右边的字符串。

示例 21 展示了算术运算符拼接字符串的用法。

小明的个人信息已经保存在变量中，现在需要在控制台输出这些个人信息，得到“他叫小明，今年 18 岁，他的身高是 178.6 cm”的结果。具体思路如下。

要求得到的字符串中，“小明”“18”“178.6”这几个值都包含在变量中，其他的文字或符号可以通过算术运算符“+”拼接的方式串联起来。

【示例 21】

```
name = '李明'
age = 18
height = 178.6
print('他叫'+name+'，今年'+str(age)+'岁，他的身高是'+str(height)+'cm')
```

示例 21 的输出结果如下。

```
他叫小明，今年 18 岁，他的身高是 178.6 cm
```

在 Python 中，算术运算符“*”可以用来复制字符串，实现拼接。具体格式如下。

【语法】

```
变量/字符串*正整数
```

【说明】

输出的是变量代表的字符串或者字符串本身的正整数倍拼接的结果。

示例 22 展示了在控制台输出"Happy birthday! Happy birthday! Happy birthday! Happy birthday!"。可以看出，要输出的字符串由 4 个"Happy birthday! "拼接而成，那么使用算术运算符"*"复制 4 次"Happy birthday! "即可。

【示例 22】

```
a = 'Happy birthday! '
print(a*4)
```

示例 22 的输出结果如下。

```
Happy birthday! Happy birthday! Happy birthday! Happy birthday!
```

如果想让字符串输出美观一些，可以在变量 a 的字符串末尾加上换行符，即，将代码改成 print((a+'\n')*4)，那样就会按照行来打印输出字符串了。

注意：

字符串拼接可以使用算术运算符"+"和"*"来实现。如果要截取一段字符串，那么不能使用算术运算符"–"和"/"，这是因为 Python 中的字符串操作没有这两个运算符。

2. 通过占位符格式化字符串

Python 支持格式化输出字符串。Python 中的字符串可以通过占位符格式化，占位符对应着所要占位的变量类型，并通过符号"%"给对应占位符传入数值，最终字符串将与占位符传入的值进行拼接。具体格式如下。

【语法】

```
str % values
```

【说明】

str 表示一个字符串，该字符串中包含单个或多个为真实数据占位的格式符；values 表示单个或多个真实数据；%代表执行格式化操作，即将 str 中的格式符替换为 values。Python 中常见的占位符如表 2-10 所示。

表 2-10　Python 中常见的占位符

占位符	描述
%c	格式化字符及 ASCII
%s	格式化字符串
%d	格式化整数
%u	格式化无符号整数
%o	格式化无符号八进制数
%x	格式化无符号十六进制数
%X	格式化无符号大写十六进制数
%f	格式化浮点数，可指定保留小数点后的位数，如%.2f 表示保留小数点后两位

表 2-7 中所列的格式符均由%和字符组成，其中，%用于标识格式符的起始，它后面的字符表示真实数据被转换的类型。

示例 23 展示了使用%对字符串进行格式化。

【示例 23】

```
str1 = "我今年%d 岁"
values = 10
print(str1%(values))
```

示例 23 的输出结果如下。在以上代码中，变量 values 存储的数据为 10。在进行格式化时，该数据替换了字符串 str1 中的格式符%d。

```
我今年 10 岁
```

字符串还可以通过多个格式符进行格式化，见示例 24。

【示例 24】

```
name = '张倩'
age = 18
address = '重庆市渝中区'
print('-'*40)
print('姓名：%s'%name)
print('年龄：%d 岁\n 家庭住址：%s'%( age,address))
print('-'*40)
```

示例 24 的输出结果如下。

```
----------------------------------------
姓名：张倩
```

```
年龄：18 岁
家庭住址：重庆市渝中区
----------------------------------------
```

需要说明的是，当使用多个格式符进行格式化时，替换的数据以元组形式存储。

3. 通过占位函数 format()格式化字符串

在使用“%”格式化字符串时，一旦开发人员遗漏了替换数据或选择了不匹配的格式符，就会导致字符串格式化失败。为了更加直观且便捷地格式化字符串，Python 提供了另外一个格式化方法——函数 format()，其具体格式如下。

【语法】

```
str.format(values)
```

【说明】

str 表示需要被格式化的字符串，其中，字符串包含单个或者多个为真实数据占位的符号{}。values 表示单个或多个用于替换的真实数据，其中，数据之间用逗号分隔。

示例 25 展示了使用占位符，在控制台输出小明的基本信息。

【示例 25】

```
name = '小明'
age = 18
height = 178.6
print('这个同学的名字是{},他的身高是{}cm，今年{}岁。'.format(name, height, age))
```

示例 25 的输出结果如下。

```
这个同学的名字是小明，他的身高是 178.6 cm，今年 18 岁。
```

2.5.2 常用的字符串操作方法

1. 字符串大小写转换

一些特定情况会对英文字符的大小写有要求，例如，表示简称时英文字符全部为大写，如 CPU。又如，表示月份、星期、节假日的英文单词的首字母大写，如 Monday。在 Python 中，支持字符串中的字母大小写转换的函数有 lower()、upper()、capitalize()和 title()，这些函数的功能说明如表 2-11 所示。

表 2-11　字符串大小写转换函数的功能说明

函数	功能说明
lower()	将字符串中的大写字母全部转换为小写字母
upper()	将字符串中的小写字母全部转换为大写字母
capitalize()	将字符串中第一个字母转换为大写形式
title()	将字符串中每个单词的首字母转换为大写形式

示例 26 使用表 2-8 中的函数，对字符串 hello woRld 进行大小写转换。

【示例 26】

```
string = 'hello woRld'
lower_str = string.lower()
upper_str = string.upper()
cap_str = string.capitalize()
title_str = string.lower()
print('函数 lower: {}'.format(lower_str))
print('函数 upper: {}'.format(upper_str))
print('函数 capitalize: {}'.format(cap_str))
print('函数 title: {}'.format(title_str))
```

示例 26 的输出结果如下。

```
函数 lower: hello world
函数 upper: HELLO WORLD
函数 capitalize: Hello world
函数 title: Hello World
```

2. 去除字符串首尾空格

Python 内建函数可以去除字符串首尾的空格，其中，函数 lstrip()去除字符串开头的空格，函数 rstrip()去除字符串末尾的空格，函数 strip()同时去除字符串首尾的空格。

示例 27 展示了去除字符串“ hello world ”中首尾的空格。具体思路如下，将字符串“ hello world ”存储在变量中，通过函数 strip()将字符串首尾的空格去除。

【示例 27】

```
string= " hello world "
print(string.strip()+'666')
```

示例 27 的输出结果如下。可以看出，字符串首尾的空格都被去除了。

```
hello world 666
```

3．字符串的分割

Python 可以通过内建函数 split()按照指定分隔符对字符串进行分割，该函数会返回由分割后的子串组成的列表。具体格式如下。

【语法】

```
str.split(sep=None, maxsplit = -1)
```

【说明】

str 表示需要分割的字符串。sep 表示分割符，默认为空字符。maxsplit 表示分割次数，默认值为-1，表示不限制分割次数。

示例 28 展示了分别以空格、字母 a 为分隔符，对字符串“Don't take away a cloud in the sky”进行分割。

【示例 28】

```
string = "Don't take away a cloud in the sky"
print(string.split())          # 以空格作为分隔符
print(string.split('a'))       # 以字母 a 作为分隔符
print(string.split('a',2))     # 以字母 a 作为分割符，分割 2 次
```

示例 28 的输出结果如下。

```
["Don't", 'take', 'away', 'a', 'cloud', 'in', 'the', 'sky']
["Don't t", 'ke', 'w', 'y', ' cloud in the sky']
["Don't t", 'ke', 'way a cloud in the sky']
```

4．查找子串的位置

若要查找某个字符或者某一串字符是否在字符串中，可以使用 Python 的内建函数 find()来实现。函数 find()接收一个字符串作为参数，如果该字符串存在于目标字符串中，则返回该字符串在目标字符串中的初始索引位置；如果该字符串不存在于目标字符串中，则返回−1。

示例 29 展示了判断字符串 Python 和 Pyton 是否在 Hello Python 中。

【示例 29】

```
string = 'Hello Python'
print(string.find('Python'))
print(string.find('Pyton'))
```

示例 29 的输出结果如下。可以看出，字符串 Python 在字符串 Hello Python 中，

并且 Python 的初始索引位置是 6。字符串 Pyton 在 Hello Python 中则找不到，所以返回–1，表示目标字符串中没有该字符串。

```
6
-1
```

5. 截取字符串

在 Python 中，字符串属于可迭代对象，可以直接进行循环和索引。因此，截取字符串可以直接使用索引的方式。具体格式如下。

【语法】

```
字符串变量[索引]
字符串变量[起始索引:结尾索引]
```

【说明】

[]为索引符号，索引只能为整数，例如，字符串变量[4]表示截取字符串变量的第四个元素。截取字符串可以在索引位置中间添加“:”，例如，字符串变量[6:8]表示从第六个元素开始截取，到第八个元素结束截取，但是不包含第八个元素，所以输出的是第六和第七个元素。

6. 字符串替换

若要替换字符串中的某些字符或字符串，可以使用 Python 的内建函数 replace()。具体格式如下。

【语法】

```
字符串变量.replace(要替换的字符串,替换后的字符串)
```

【说明】

replace()函数作为 Python 中的字符串内建函数，只能对字符串使用。

示例 30 展示了将字符串 Hello World 修改为 Hello Python。

【示例 30】

```
string = 'Hello World'
print(string.replace('World', 'Python'))
```

示例 30 的输出结果如下。

```
Hello Python
```

可以看出，通过函数 replace()，字符串中的 World 直接被替换成 Python。虽然字符串是可迭代对象，可以采用先索引再赋值的方式实现字符串修改，但是，函数 replace()

能更加快速且准确地实现字符串的修改。

7. 获取字符串的长度

若要知道字符串的长度，可以使用 Python 的内建函数 len()。函数 len()接收一个可迭代的对象作为参数，返回该对象中元素的个数。例如，输入一个字符串，返回的是该字符串的长度，即字符串中字符的个数。

示例 31 展示了获取字符串 Hello Python 的长度。

【示例 31】

```
string = 'Hello Python'
print(len(string))
```

示例 31 的输出结果如下。

```
12
```

注意：

在字符串中，空格、符号或者汉字算一个字符。

2.5.3 技能实训

现有字符串如下：

```
    I walked awAy gently, just as I caMe gently?and waVed!my hand without. taking
away a clOud
```

该字符串前后都有多余的空格，中间还有部分大写字母和一些不规范的标点符号，请使用字符串处理方法，将该字符串拆分成单个的单词并输出。输出结果如下。

```
['i', 'walked', 'away', 'gently', 'just', 'as', 'i', 'came', 'gently', 'and',
'waved', 'my', 'hand', 'without', 'taking', 'away', 'a', 'cloud']
```

本章小结

本章介绍了 Python 的变量、数据类型、运算符、表达式，以及字符串的常见操作方法，主要内容可总结为以下几点。

（1）变量是用来存储数据的一段空间，其中，变量名不能使用数字开头，也不能使用 Python 关键字。

（2）Python 中常用的数据类型为数字类型、字符串数字类型和一些组合数据类型。

（3）数据处理时注意数据的类型和数据类型的转换。

（4）为变量赋值时使用“=”，判断变量是否相等时使用“==”。

（5）替换字符串中的内容使用函数 replace()，拆分字符串使用函数 split()。

本章习题

一、填空题

1．Python 中建议使用__________个空格表示一级缩进。

2．布尔类型的取值包括__________和__________。

3．使用__________函数可查看数据的类型。

二、简答题

请简述 Python 中变量的命名规则。

三、编程题

已知某煤场有 29.5 t 煤，用一辆载重为 4 t 的汽车运输 3 次。剩下的煤用一辆载重为 2.5 t 的汽车运输，请问需要运送几次才能送完？编写程序，解答此问题。

第 3 章　程序的控制结构

【能力目标】

（1）学会使用判断结构中的单个或多个条件编写代码。

（2）会使用循环结构编写代码，控制需要反复执行的语句。

（3）学会使用跳转语句提前结束循环或者跳过本次循环。

【知识目标】

（1）理解如何利用缩进在 Python 中区分代码块结构。

（2）学会使用选择结构。

（3）学会使用循环结构。

（4）学会使用循环结构嵌套。

（5）学会使用跳转语句。

【素质目标】

（1）培养严谨的工作态度。

（2）培养自主学习和解决问题的能力。

（3）培养团队协作精神和创新能力。

3.1 程序结构

流程控制语句是程序设计语言的基础。组合使用选择结构和循环结构，可实现各种不同的程序逻辑。熟练掌握 Python 中流程控制语句的使用方法，是进行 Python 程序开发的必备基础。本章将介绍 if 选择结构、while 循环结构和 for 循环结构的使用方法。

3.1.1　3 种流程控制结构

Python 中有 3 种流程控制结构：顺序结构、选择结构、循环结构。这 3 种结构的流程图如图 3-1 所示。

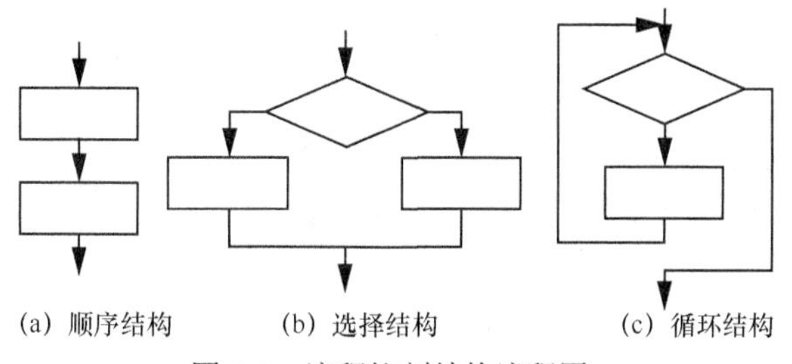

图 3-1　流程控制结构流程图

（1）顺序结构是指程序从上向下依次执行每条语句的结构，中间没有任何的判断语句和跳转语句，前文中的示例采用的是顺序结构。

（2）选择结构是指根据条件判断的结果选择执行不同的代码的结构。选择结构分为单分支结构、双分支结构和多分支结构。Python 提供 if 控制语句（简称 if 语句）实现选择结构。

（3）循环结构是指根据条件重复地执行某段代码或遍历集合中的元素的结构。Python 提供了 while 语句和 for 语句实现循环结构。

实践证明，由这 3 种流程控制结构组成的算法可以解决任何复杂的问题。

3.1.2　Python 语句块规范

1. 缩进

Python 代码使用“缩进”（即一行代码之前的空白区域）来确定代码之间的逻辑关系和层次关系。Python 代码的缩进可以通过 Tab 键或空格键进行控制。输入空格是 Python 3 首选的缩进方法，一般使用 4 个空格表示一级缩进；Python 3 不允许混合使用 Tab 键和空格键。示例 1 展示了缩进的使用方法。

【示例 1】

```
if True:
    print("True")
else:
    print("False")
```

代码缩进量的不同会导致代码语义发生改变，Python 要求同一代码块的每行代码必须具有相同的缩进量。Python 程序中不允许出现无意义或不规范的缩进，否则运行时会产生错误。示例 2 展示了不符合规范的缩进。

【示例 2】

```
if True:
    print ("Answer")
    print ("True")
else:
    print ("Answer")
  print ("False")    # 缩进不一致，会导致运行错误
```

示例 2 中最后一行代码的缩进量不符合规范，因而程序在运行后会出现错误。具体错误如下。

```
File "E:/python study/test.py", line 6
    print ("False")
# 缩进不一致,会导致运行错误
IndentationError: unindent does not match any outer indentation level
```

2. 语句换行

Python 官方建议每行代码不超过 79 个字符，若代码过长则应该换行。Python 能够将圆括号、中括号和大括号中的行进行隐式连接，因此，开发人员可以根据这个特点在语句外侧添加一对括号，实现过长语句的换行显示。示例 3 展示了使用圆括号的代码换行显示。

【示例 3】

```
string = ("Python 是一种面向对象的、解释型的计算机程序设计语言，"
          "由 Guido van Rossum 于 1989 年底发明。"
          "Python 第一个公开发行版本发行于 1991 年，"
          "其源代码同样遵循 GPL①协议。")
```

需要注意的是，圆括号、中括号或大括号中的语句在换行时不需要另行添加圆括号。示例 4 展示了使用中括号的代码换行显示。

【示例 4】

```
total = [ 'item_one', 'item_two',
          'item three', 'item_four', 'item _five ']
```

① GPL：General Public License，通用性公开许可证。

3.2 选择语句

Python 使用 if 语句实现选择结构。

if 语句有 3 种不同的形式，分别是单分支结构、双分支结构和多分支结构。

3.2.1 单分支结构

if 语句的单分支结构格式如下。

【语法】

```
if 表达式:
    语句块
```

【说明】

（1）if 是 Python 的关键字。

（2）表达式与关键字 if 之间要以空格进行分隔。

（3）表达式属于布尔类型，其结果为 True 或 False。

（4）表达式后面要使用冒号（:），表示满足此条件后要执行的语句块。

（5）语句块与 if 语句之间使用缩进来区分层级关系。

（6）如果表达式的值为 True，那么执行语句块，否则不执行语句块。

if 语句的执行流程如图 3-2 所示。

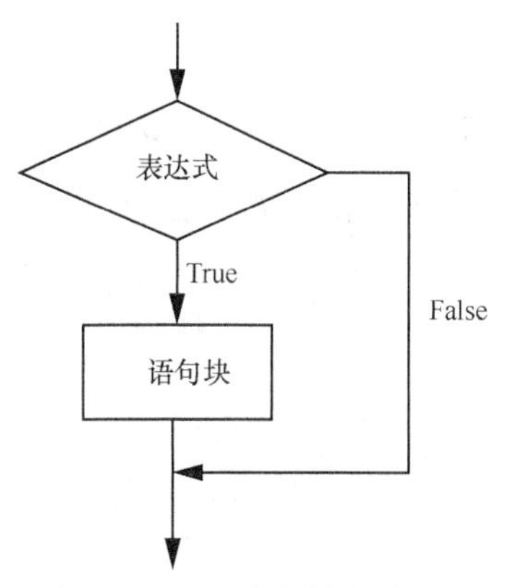

图 3-2　if 语句的执行流程

示例 5 展示了考试评估程序，通过 if 语句判断考试成绩是否合格。

【示例 5】

```
score = 60
if score>=60:
    print('考试合格')
```

示例 5 的输出结果如下。可以看出，程序执行了 if 语句的语句块。

```
考试合格
```

将变量 score 的值修改为 55，再次运行示例 5 所示代码，这次控制台没有输出任何结果，说明未执行 if 语句的语句块。

示例 6 展示了使用 if 语句找出两个数字中的较小值。

【示例 6】

```
data1 = int(input("请输入第一个数字："))
data2 = int(input("请输入第二个数字："))
if data1 == data2:
    print('两个数字一样大')
if data1 < data2:
    print('两个数字中较小值是：' + str(data1))
if data1 > data2:
    print('两个数字中较小值是：' + str(data2))
```

运行示例 6，依次输入 3 和 2，得到的输出结果如下。

```
两个数字中较小值是：2
```

3.2.2 双分支结构

if 语句只能处理满足条件的情况，但在实际应用中，一些场景不仅需要处理满足条件的情况，还需要处理不满足条件的情况。因此，Python 提供了可以同时处理这两种情况的双分支结构，用 if…else 语句实现这种结构。具体格式如下。

【语法】

```
if 表达式:
    语句块 1
else:
    语句块 2
```

【说明】

当执行 if…else 语句时，如果判断条件成立，那么执行 if 语句后面的语句块 1，否则执行 else 语句后面的语句块 2。if…else 语句的执行流程如图 3-3 所示。

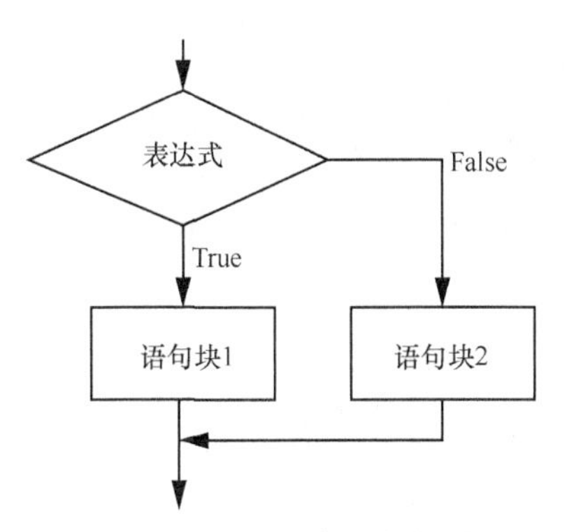

图 3-3　if…else 语句的执行流程

下面使用 if…else 语句优化考试成绩评估程序，使程序可以同时兼顾考试合格和不合格这两种评估结果。优化后的程序代码见示例 7。

【示例 7】

```
score = 60
if score>=60:
    print('考试合格')
else:
    print('考试不合格')
```

示例 7 的输出结果如下。

```
考试合格
```

将变量 score 的值修改为 55，再次运行示例 7 所示代码，得到的输出结果如下。

```
考试不合格
```

通过比较这两次输出结果可知，程序第一次执行了 if 语句的语句块，打印输出了“考试合格”。修改 score 的值后，程序执行了 else 语句的语句块，打印输出了“考试不合格”。

示例 8 展示了使用 if…else 语句找出两个数字中的较小值。

【示例 8】

```
data1 = 2
data2 = 3
```

```
if data1<data2:
    print('两个数字中较小值是：' + str(data1))
else:
    print('两个数字中较小值是：' + str(data2))
```

示例 8 的输出结果如下。

```
两个数字中较小值是：2
```

将变量 data2 的值修改为 1，再次运行示例 8 所示代码，得到的输出结果如下。

```
两个数字中较小值是：1
```

通过比较两次输出结果可知，程序第一次执行了 if 语句的语句块，打印输出了“两个数字中较小值是：2”。修改 data2 的值后，程序执行了 else 语句的语句块，打印输出了“两个数字中较小值是：1”。

注意：

（1）if…else 语句由 if 和 else 组成。

（2）else 语句不能单独使用，必须与同层级最近的 if 语句配对使用。

3.2.3 多分支结构

根据考试成绩评估程序可知，该程序只能评估考试合格和不合格的情况，但在实际应用中，会将成绩划分为优、良、中、差 4 个等级。而 if…else 语句局限于两个分支，像这种存在多个分支的应用场景虽然可以通过嵌套多个 if…else 语句来实现，但是会比较麻烦。因此，为了处理这种一个事项涉及多种情况的场景，Python 提供了可创建多个分支的 if…elif…else 语句。if…elif…else 语句的语法如下。

【语法】

```
if 表达式 1:
    语句块 1
elif 表达式 2:
    语句块 2
elif 表达式 3:
    语句块 3
…
else:
    语句块 n
```

【说明】

elif 语句可以有多个，else 语句可以没有或者只有一个。我们以 if…elif…else 语句为例，介绍多分构执行流程，如图 3-4 所示。

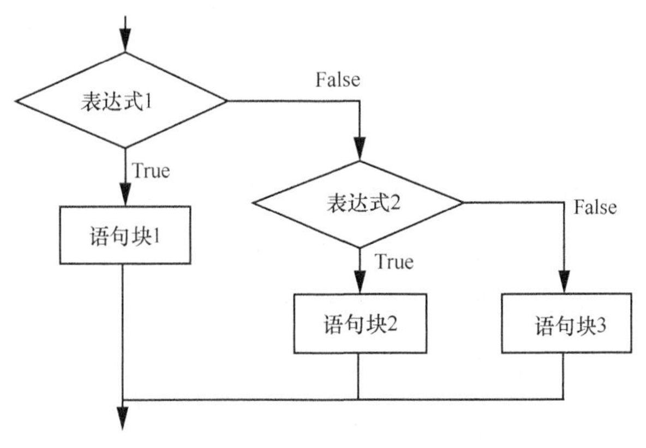

图 3-4　if…elif…else 语句的执行流程

if…elif…else 语句的执行步骤具体如下。

步骤 1：对表达式 1 的结果进行判断。

步骤 2：如果表达式 1 的结果为 True，则执行语句块 1，否则判断表达式 2 的值。

步骤 3：如果表达式 2 的结果为 True，则执行语句块 2，否则执行语句块 3。

注意：

不论 if…elif…else 语句中有多少个表达式，程序只会执行符合值为 True 的表达式后面的语句块。如果没有值为 True 的表达式，则程序执行 else 语句中的语句块。

示例 9 展示了使用 if…elif…else 语句的考试成绩评估程序，该程序能够根据成绩做出“优秀”“良好”“中等”“差”这 4 个等级的评估。当考试成绩不低于 85 分时，评估结果为“优秀”。当考试成绩低于 85 且不低于 75 分时，评估结果为“良好”。当考试成绩低于 75 且不低于 60 分时，评估结果为“中等”。当考试成绩低于 60 分时，评估结果为“差”。

【示例 9】

```
score = 90
if score>=85:
    print('优秀')
elif 75<=score<85:
    print('良好')
elif 60<=score<75:
    print('中等')
```

```
else:
    print('差')
```

示例 9 的输出结果如下。

```
优秀
```

3.2.4 if 语句嵌套

根据输入的三条边长判断三角形的类型（等边、等腰、普通三角形）前，必须先判断是否能构成三角形，然后才能判断三角形的类型。这个场景中虽然有两个判断条件，但这两个条件并非是选择关系，而是嵌套关系：先判断外层条件，满足条件后才判断内层条件；只有两层条件都满足，才执行内层的操作。

在 Python 中，if 语句可以实现条件语句的嵌套逻辑，其语法格式如下。

【语法】

```
if 表达式 1:            # 外层条件
    if 表达式 2:        # 内层条件
        语句块 1
    else:
        语句块 2
else:
    if 表达式 3:        # 内层条件
        语句块 3
    else:
        语句块 4
```

if 语句嵌套的执行流程如图 3-5 所示。

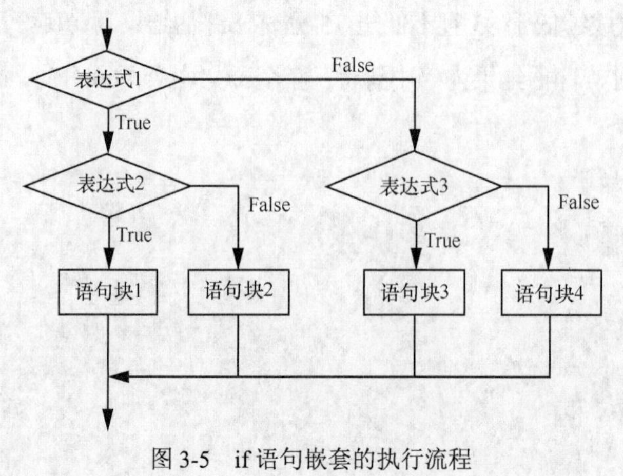

图 3-5　if 语句嵌套的执行流程

【说明】

if 语句嵌套的执行步骤如下。

步骤 1：对表达式 1 的结果进行判断。

步骤 2：如果表达式 1 的结果为 True，则判断表达式 2 的值，否则判断表达式 3 的值。

步骤 3：如果表达式 2 的结果为 True，则执行语句块 1，否则执行语句块 2。

步骤 4：如果表达式 3 的结果为 True，则执行语句块 3，否则执行语句块 4。

示例 10 展示了使用 if 语句来判断三角形的类型。在键盘上分别输入 3 条线的长度，若这 3 条线能构成三角形，则输出该三角形的类型（等边、等腰或普通三角形）；若这 3 条线不能构成三角形，则输出“不能构成三角形”。

【示例 10】

```
a = int(input("请输入第一条线的长度："))
b = int(input("请输入第二条线的长度："))
c = int(input("请输入第三条线的长度："))
if a+b>c and a+c>b and b+c>a:
    if a == b and b == c:
        print('等边三角形')
    elif a == b or b == c or a == c:
        print('等腰三角形')
    else:
        print('普通三角形')
else:
    print('不能构成三角形')
```

在示例 10 中，若输入的 3 条线的长度分别为 3、3、8，则这 3 条线不能构成三角形，因此输出结果如下。

```
不能构成三角形
```

若输入的 3 条线的长度分别为 3、4、5，则示例 10 的输出结果如下。

```
普通三角形
```

3.3 循环语句

循环语句用于重复执行某段代码，直到满足特定条件为止。在 Python 中，循环语句有以下两种形式：while 语句、for 语句。

3.3.1　while 语句

while 语句是用一个表达式来控制循环的语句，可以分成 3 个部分：变量初始化、循环条件和循环体。while 语句的语法格式如下。

【语法】

```
变量初始化
while 表达式:
    循环体
```

【说明】

（1）循环条件是一个布尔表达式，其值为 True 或 False。

（2）判断循环条件，如果值为 True，则执行循环体。

（3）循环体执行结束后，继续对循环条件进行判断，如果值为 True，则继续执行循环体。

（4）如果循环条件的值为 False，则退出循环结构，执行后面的语句。

while 语句的执行流程如图 3-6 所示。示例 11 展示了使用 while 语句求出 1～100 之间所有能被 3 整除的数的个数，以及这些数的和。

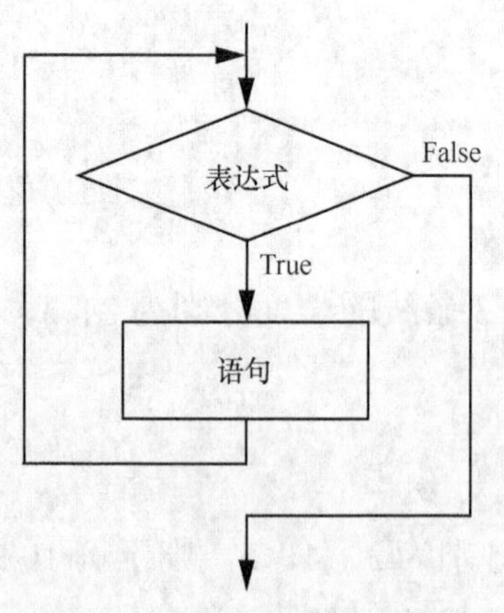

图 3-6　while 语句的执行流程

【示例 11】

```
sum = 0
count = 0
i = 1
```

```
while i<=100:
    if i%3==0:
        sum+=i
        count+=1
    i+=1
print('1～100之间能被3整除的数的个数为：%d'%count)
print('1～100之间能被3整除的数的和为：%d'%sum)
```

示例 11 的输出结果如下。

```
1～100之间能被3整除的数的个数为：33
1～100之间能被3整除的数的和为：1683
```

注意：

在编写 while 语句时，一定要保证程序的正常结束，否则会造成"死循环"（或称为无限循环）。例如，下面的代码没有使用 i+=1 来修改循环变量，且 i 值永远小于 100，因而程序运行后将不停地输出 0，这便造成了"死循环"。

```
i = 0
while i<100:
    print(i)
```

3.3.2　for 语句

for 语句是非常常用的循环语句，一般用于循环次数已知的情况。for 语句的语法格式如下。

【语法】

```
for 循环变量 in 对象:
    循环体
```

【说明】

（1）循环变量用于保存读取的值。

（2）对象为要遍历或迭代的对象，可以是任何有序的序列对象，如字符串、列表、元组等。

（3）被执行的循环体是语句块。

for 语句的执行流程如图 3-7 所示。

for 语句的执行步骤如下。

步骤 1：尝试从对象中获取第一个元素。

步骤 2：如果能获取到元素，则将获取到的元素赋值给循环变量，并执行循环体。

步骤 3：接下来从对象中获取下一个元素。

步骤 4：如果能获取到元素，则将获取到的元素赋值给循环变量，并执行循环体。

如此循环，直到无法获取到元素为止，结束 for 语句的执行。

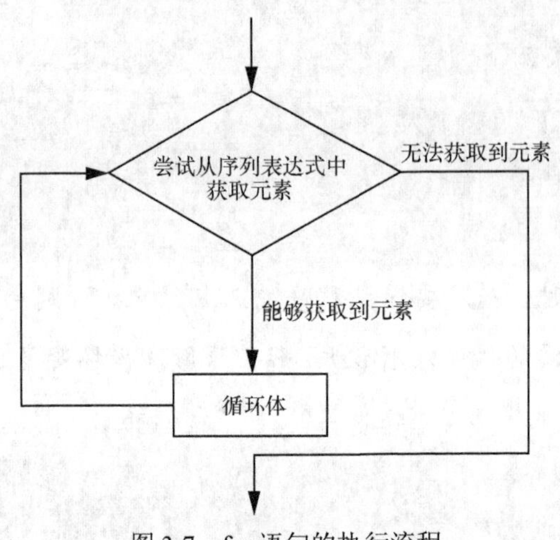

图 3-7　for 语句的执行流程

示例 12 展示了使用 for 语句实现计算 1～100 之间所有能被 3 整除的数的个数，以及这些数的和。

【示例 12】

```
sum = 0
count = 0
for i in range(1,101):
# 函数 range(1,101)用于生成 1～100（不包括 101）的整数
    if i%3==0:
        sum+=i
        count+=1
print('1～100 之间能被 3 整除的数的个数为：%d'%count)
print('1～100 之间能被 3 整除的数的和为：%d'%sum)
```

示例 12 的输出结果如下。

```
1～100 之间能被 3 整除的数的个数为：33
1～100 之间能被 3 整除的数的和为：1683
```

示例 12 中用到了函数 range()，该函数的具体用法如下。

（1）range(stop)：生成从 0 开始到 stop 结束（不包含 stop）的一系列数，比如，range(3)生成的数是 0、1、2。

（2）range(start, stop)：生成从 start 开始到 stop 结束（不包含 stop）的一系列数，比如，range(2,5)生成的数是 2、3、4。

（3）range(start, stop, step)：生成从 start 开始到 stop 结束（不包含 stop），步长为 step 的一系列数，比如，range(2,10,2)生成的数值是 2、4、6、8，range(10,1,−2)生成的数值是 10、8、6、4、2。

示例 13 展示了使用 for 语句实现统计字符串 anaconda 中字符 a 的个数。

【示例 13】

```
count = 0
string = 'anaconda'
for i in string:
    if i == 'a':
        count += 1
print('字符 a 的个数为：'+str(count))
```

示例 13 的输出结果如下。

```
字符 a 的个数为：3
```

3.3.3　循环语句嵌套

循环语句嵌套是循环体内包含一个完整的循环结构，而在这个完整的循环结构内还嵌套其他的循环结构。循环语句嵌套很复杂，for 语句和 while 语句中都可以进行循环语句嵌套，并且它们之间也可以相互嵌套。循环语句嵌套的语法格式如下。

【语法】

```
while 循环条件 1:                # 外层循环
    语句块 1
    for 循环变量 in 对象:         # 内层循环
        语句块 2
```

【说明】

这是由 while 语句和 for 语句组成的循环语句嵌套，其中，while 语句循环称为外层循环，for 语句循环称为内层循环。因为这种是两层嵌套，所以称为二重循环。

该循环的执行过程是：外层循环 while 语句每执行一次，内层循环 for 语句从头到尾完整地执行一次。

示例 14 展示了循环语句嵌套的案例。在示例 14 中，输入学生姓名及其 3 门课程的分数，输出这 3 门课程成绩的平均分。

【示例 14】

```
end = 'y'
while end == 'y' or end == 'Y':
    name = input('输入同学的名字：')
    sum = 0
    for i in range(1,4):
        score = int(input('请输入第%d 门课程的分数：'%(i)))
        sum+=score
    print('%s 同学的平均成绩是%.1f'%(name,sum/3))
    end = input('继续输入吗？（y/n）')
print('成绩录入结束')
```

示例 14 的运行结果如图 3-8 所示。在示例 14 中，外层循环每循环一次便输入一名同学的姓名，内层循环则输入该同学 3 门课程的成绩，并计算平均分。也就是说，外层循环每执行一次，内循环会执行 3 次。

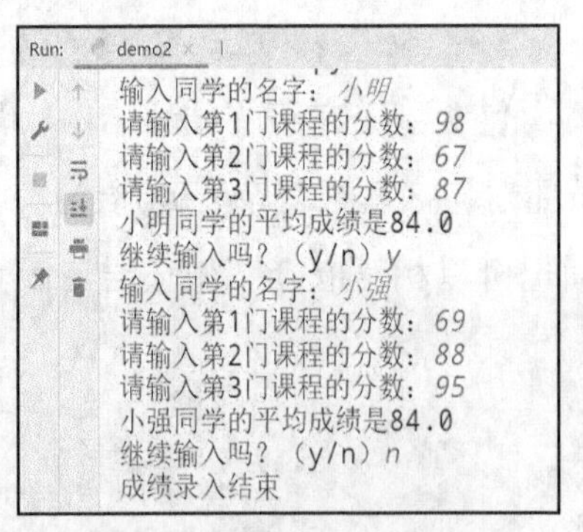

图 3-8　示例 14 的运行结果

3.4 跳转语句

在程序的实际开发中，经常会遇到改变循环流程的需求，也就是说，循环语句并不一定按照循环条件完成所有内容的遍历。要达到这种效果，就需要用到跳转语句。Python 支持两种跳转语句：break 语句和 continue 语句。使用跳转语句，可以把控制转移到循环甚至程序的其他部分。

3.4.1　break 语句

break 语句在循环中的作用是终止当前循环。示例 15 展示了 break 语句的用法。

输出 3～20 之间能被 3 整除的数，若该数既是 3 的倍数也是 4 的倍数，则退出程序。

【示例 15】

```
for i in range(3, 20, 3):
    if i%3==0 and i%4==0:
        break
    print(i, end=' ')
```

示例 15 的输出结果如下。

```
3 6 9
```

在示例 15 中，当条件 i%3==0 and i%4==0 成立时，执行 break 语句，结束 for 循环，退出程序。

3.4.2　continue 语句

continue 语句的作用是强制当前循环提前结束，也就是跳过执行本次循环的剩余语句，开始下一次循环。示例 16 展示了 continue 语句的用法。

输出 3～20 之间能被 3 整除的数，若该数既是 3 的倍数也是 4 的倍数，则跳过该数。

【示例 16】

```
for i in range(3,20,3):
    if i%3==0 and i%4==0:
        continue
    print(i, end=' ')
```

示例 16 的输出结果如下。

```
3 6 9 15 18
```

在示例 16 中，当条件 i%3==0 and i%4==0 成立时，执行 continue 语句，跳过本次 for 语句循环中的剩余语句，并进入下一次循环。

注意：

break 语句和 continue 语句只对当前循环有效。在多重循环的内层循环中使用 break 语句和 continue 语句，break 语句和 continue 语句只会对内层循环语句起作用。

3.4.3 pass 语句

Python 中还提供 pass 语句，表示空语句。pass 语句不做任何事情，一般起占位作用。

示例 17 应用 for 语句输出 1～10 之间的偶数，当不是偶数时，应用 pass 语句占位，方便以后对不是偶数的数进行处理。

【示例 17】

```
for i in range(1,10):
    if i%2==0:
        print(i, end=' ')
    else:
        pass
```

示例 17 的输出结果如下。

```
2 4 6 8
```

3.4.4 技能实训

使用 Python 设计一个密码系统，假设密码是 6 位数的数字 123456。用户有 3 次输入机会，若密码正确则显示图 3-9（a）所示界面；若连续 3 次密码错误则显示图 3-9（b）所示界面。

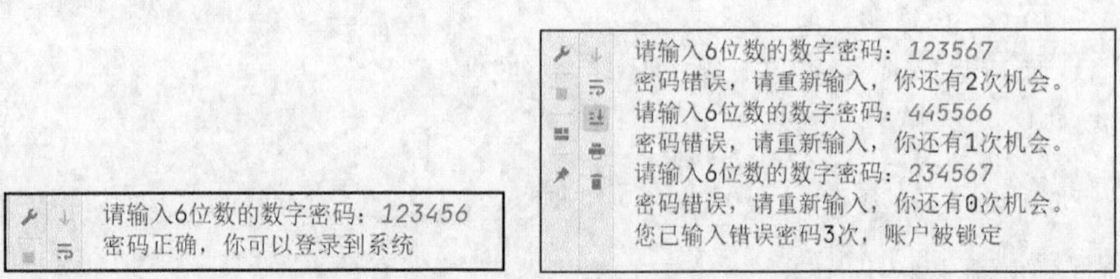

```
请输入6位数的数字密码：123456
密码正确，你可以登录到系统
```

(a) 密码正确界面

```
请输入6位数的数字密码：123567
密码错误，请重新输入，你还有2次机会。
请输入6位数的数字密码：445566
密码错误，请重新输入，你还有1次机会。
请输入6位数的数字密码：234567
密码错误，请重新输入，你还有0次机会。
您已输入错误密码3次，账户被锁定
```

(b) 密码错误界面

图 3-9 密码系统的界面

本章小结

本章介绍了 Python 的流程控制结构、跳转语句及空值语句，主要内容总结如下。

（1）程序流程控制的基本结构是顺序结构、分支结构和循环结构。

（2）分支结构分为单分支、双分支和多分支。编写代码时可根据条件之间的逻辑关系选择合适的分支结构。

（3）循环结构分为 while 语句循环和 for 语句循环，用来实现重复执行某段代码。

（4）break 语句和 continue 语句可以实现循环结构的跳转。pass 语句表示空语句，可以用来占位，保证语句的完整性。

本章习题

一、填空题

1．__________语句是最简单的条件语句。

2．Python 中的循环语句有__________循环和__________循环。

3．将 while 语句循环条件的值设为__________，则程序进入无限循环。

4．__________循环一般用于实现遍历循环。

5．__________语句可以跳出本次循环，执行下一次循环。

二、编程题

1．编写代码，输出用户手动输入的 3 个数字中的最大数。

2．编写代码，利用循环结构求出 1～200 之间所有能同时被 3 和 4 整除的数的个数。

第4章　数据结构

【能力目标】

（1）能够实现列表的添加、删除、修改和查询。

（2）能够实现元组的查询和删除。

（3）能够实现字典的添加、删除、修改和查询。

（4）能够实现集合的添加、删除和查询。

【知识目标】

（1）认识Python中常用的数据结构，并能够区分可变数据类型与不可变数据类型。

（2）掌握列表的使用方法。

（3）掌握元组的使用方法。

（4）掌握字典的使用方法。

（5）掌握集合的使用方法。

【素质目标】

（1）培养分析问题和解决问题的能力。

（2）培养自主学习的能力。

（3）培养严谨细致的工作作风。

4.1 常用的数据结构

Python有4个内建的数据结构，可以将它们统称为容器。这些容器实际上是由一些“东西”组合而成的结构，这些“东西”可以是数字、字符串，甚至是列表，或是它们的组合。

4.1.1　4 种数据结构

在编程时，对于单个数据可以直接使用变量进行保存，但对于由多个数据组成的数据集，就需要使用数据结构。在 Python 中，可以使用列表、元组、字典和集合这 4 种数据结构处理数据集。这 4 种数据结构的特点具体如下。

（1）列表是最常用的 Python 数据结构。数据在列表中是有序的，且可以进行修改。

（2）元组与列表一样，数据在其中是有序的，但不能修改。

（3）字典中的数据是无序的，由键（key）和值（value）两部分组成，格式为 key: value。字典中的键是不重复的、唯一的，因而可以通过键快速找到对应的值。在字典中查找数据的速度比在列表中查找数据的速度要快得多。

（4）集合中的数据是不重复的、无序的。

4.1.2　可变数据类型和不可变数据类型

在 Python 中，有两个比较重要的关于数据结构的概念——可变数据类型与不可变数据类型。

1. 可变数据类型

通过可变数据类型，可以直接对数据结构对象的内容进行修改（并非是对象的重新赋值操作），即可以对数据结构中的元素进行增加、删除、修改、查询等操作。由于可变数据类型对象能直接对自身进行修改，因此修改后的结果仍与原对象引用同一个 id 地址值。也就是说，这些修改由始至终只对同一个对象进行操作。Python 中比较重要的可变数据类型包括列表、字典、可变集合等。

2. 不可变数据类型

与可变数据类型不同，不可变数据类型不能对数据结构对象的内容进行修改，不可以对对象中的元素进行增加、删除和修改。若要对对象的内容进行修改，则需要将数据结构转换成其他可变数据类型。常用的不可变数据类型包括数字、字符串、元组、不可变集合等。

4.2 列表

4.2.1 认识列表

列表非常重要。

列表是用来存储多个数据的数据结构，具有以下特点。

（1）列表中的数据是有序的，列表中的元素都分配有一个数字，标识它在列表中的位置，这个数字称为索引。第一个元素的索引是 0，第二个元素的索引是 1，依此类推。

（2）列表的大小和列表中的元素都是可变的，即列表支持增添、删除、修改、查询等操作。

（3）列表可以存储不同数据类型的对象，例如，数字、字符串、元组和字典，又如，列表类型。

（4）列表中的元素可以重复出现。

4.2.2 创建列表

创建列表的常用方法有两种，一种是使用方括号进行创建，另一种是使用函数 list()进行创建。

1. 使用方括号创建列表

使用方括号创建列表对象，只需要把所有元素放入方括号，各元素以逗号隔开。当方括号中不放入任何元素时，那么就可创建一个空列表。使用方括号创建列表的语法格式如下。

【语法】

```
变量=[数据 1，数据 2，数据 3，…]
```

表 4-1 所列为某学校部分学生的信息。下面使用列表保存这些信息并输出，见示例 1。

实现步骤如下。

步骤 1：创建 2 个列表，分别将学生学号和姓名数据保存到列表中。

步骤 2：使用函数 print()将列表打印输出。

表 4-1　某学校部分学生的信息

学号	姓名	性别
1001	王真真	女
1002	肖强	男
1003	陈强	男
1004	张明	男
1005	李玉	女
1006	郑和	男

【示例 1】

```
student_nums = [1001, 1002, 1003, 1004, 1005, 1006]
student_names = ['王真真', '肖强', '陈强', '张明', '李玉', '郑和']
print(student_nums)
print(student_names)
```

示例 1 的输出结果如下。

```
[1001, 1002, 1003, 1004, 1005, 1006]
['王真真', '肖强', '陈强', '张明', '李玉', '郑和']
```

2. 使用函数 list()创建列表

在 Python 中，函数 list()的作用实质上是将传入的数据结构对象转换成列表类型对象。由于该函数返回一个列表，因此可以看作是创建列表的一种方法。使用函数 list()创建列表的语法格式如下。

【语法】

```
变量 = list(数据 1, 数据 2, …)
```

下面用函数 list()创建示例 1 所示的两个列表，见示例 2。

【示例 2】

```
student_nums = list((1001, 1002, 1003, 1004, 1005, 1006))
student_names = list(( '王真真', '肖强', '陈强', '张明', '李玉', '郑和'))
print(student_nums)
print(student_names)
```

示例 2 的输出结果如下。

```
[1001, 1002, 1003, 1004, 1005, 1006]
['王真真', '肖强', '陈强', '张明', '李玉', '郑和']
```

从示例 2 可以看出，函数 list()将圆括号括起来的数据结构对象转换成了列表类型对象。如果函数 list()的参数是字符串，那么该函数会把字符串中的每个字符作为一个元素，放入一个列表，看起来就像字符串被“拆分”成一个个字符一样，见示例 3。

【示例 3】

```
list('python')
```

示例 3 的输出结果如下。

```
['p', 'y', 't', 'h', 'o', 'n']
```

4.2.3 列表的基础操作

1．列表索引

有序的数据结构可以通过索引和切片操作对元素进行访问。字符串、列表和元组都属于有序数据结构，其中，列表中的每个元素有一个整数索引。列表索引有以下两种表现形式。

（1）正向索引。列表中第一个元素的索引值为 0，第二个元素的索引值是 1，依此类推，最后一个元素的索引值为列表长度减 1。

（2）反向索引。最后一个元素的索引值为-1，倒数第二个元素的索引值为-2，依此类推，第一个元素的索引值为列表长度的负值。

由此可知，列表中的每个元素同时具有两个索引，一个是正向索引，另一个是反向索引。无论哪种索引都能正确地访问相应元素。

2．使用列表索引访问数据

通过列表索引访问列表中的某个元素的语法格式如下。

【语法】

```
变量 = 列表[索引]
```

下面在示例 1 的基础上，通过列表索引提取第二个学生和倒数第三个学生的姓名见示例 4。

分析：

第二个学生的姓名数据是列表中的第二个元素。因为正向索引从 0 开始计算，所以该数据的索引值为 1。倒数第三个学生的姓名数据是列表中的倒数第三个元素。因为反向索引的索引值从−1 开始计算，所以该数据的索引值为−3。

【示例 4】

```
student_names = ['王真真', '肖强', '陈强', '张明', '李玉', '郑和']
student_names[1]       # 提取列表中的第二个元素
student_names[-3]      # 提取列表中的倒数第三个元素
```

示例 4 的输出结果如下。

```
'肖强'
'张明'
```

3．使用列表的切片访问数据

切片就是访问列表中的多个元素，即提取列表中的子列表元素。切片访问数据的语法格式如下。

【语法】

```
变量=列表[起始索引:结束索引:步长值]
```

【说明】

列表包含起始索引，但不包含结束索引，即左闭右开。步长值不能为 0，但可省略，省略时默认为 1。

示例 5 在示例 1 的基础上，通过切片分别提取第 2～4 个学生的姓名和第 1～6 个学生的姓名，步长为 2，并将列表每个元素反转。

分析：

第二个学生的姓名数据是列表中的第二个元素，正向索引从 0 开始计算，所以它的起始索引为 1。依此类推，第四个学生的姓名数据索引值为 3，取值范围为左闭右开，因而第 2～4 个学生的姓名数据索引范围为[1:4]。同理，第一个学生姓名的索引值为 0，第六个学生姓名的索引值为 5，步长为 2，可知提取的学生姓名为第一、三、五个学生姓名。反向索引的索引值从−1 开始计算，因而倒数第一个学生的姓名数据索引值为−1，倒数第六个学生的姓名数据索引值为−6，步长为−2，最后提取的学生姓名为倒数第一、三、五个学生姓名。

【示例 5】

```
student_names = list(('王真真', '肖强', '陈强', '张明', '李玉', '郑和'))
student_names[1:4]        # 提取第 2～4 个元素
student_names[0:6:2]      # 提取第 1～6 个元素，步长为 2
student_names[::-1]       # 提取倒数第 1～6 个元素，步长为-2
```

示例 5 的输出结果如下。

```
['肖强', '陈强', '张明']
['王真真', '陈强', '李玉']
['郑和', '张明', '肖强']
```

4.2.4 常用的列表函数

Python 中有很多函数支持对列表对象进行操作，常用的操作包括列表元素的增添、删除、修改、查询等。

1. 增添元素

向列表中增添元素常用的函数如表 4-2 所示。

表 4-2 向列表中增添元素常用的函数

函数	说明
append(obj)	在列表末尾添加元素 obj，每次添加一个
extend(obj)	在列表末尾添加一个可迭代对象
insert(index,obj)	在数据索引为 index 的位置插入数据 obj，插入位置后面的数据索引全部自增 1

示例 6 在示例 1 的基础上，对保存学生姓名数据的列表进行以下操作，并输出更新后的列表。

（1）新增一名学生姓名“刘晓雨”到列表末尾。

（2）新增两名学生姓名“曾逸”“罗丹”至列表末尾。

（3）新增一名学生姓名“吴宇”至列表中数据索引为 3 的位置。

分析：

① 使用函数 append()在列表末尾添加一个数据。

② 使用函数 extend()在列表末尾添加一个可迭代对象。

③ 使用函数 insert()在列表中的指定位置添加数据。

【示例 6】

```
student_names = ['王真真', '肖强', '陈强', '张明', '李玉', '郑和']
student_names.append('刘晓雨')     # 使用函数 append()向列表末尾增加元素
print(student_names)     # 输出列表内容
student_names.extend(['曾逸','罗丹'])     # 使用函数 extend()向列表末尾添加一个列表
print(student_names)     # 输出列表内容
student_names.insert(3,'吴宇')     # 使用函数 insert()在数据索引为 3 的位置添加元素
print(student_names)     # 输出列表内容
```

示例 6 的输出结果如下。

```
['王真真', '肖强', '陈强', '张明', '李玉', '郑和', '刘晓雨']
['王真真', '肖强', '陈强', '张明', '李玉', '郑和', '刘晓雨', '曾逸', '罗丹']
['王真真', '肖强', '陈强', '吴宇', '张明', '李玉', '郑和', '刘晓雨', '曾逸',
 '罗丹']
```

2. 删除元素

删除列表中元素常用的函数如表 4-3 所示。

表 4-3　删除列表中元素常用的函数

函数	说明
pop(index)	删除列表中的指定元素，并返回该元素的值
del list[index]	删除列表中数据索引为 index 的元素，删除位置后面的数据索引全部自减 1

示例 7 在示例 1 基础上，对保存学生姓名数据的列表进行以下操作，并输出更新后的列表。

（1）删除列表中最后一个数据，并显示被删除的数据的值。

（2）删除列表中的第四个数据。

分析：

① 使用函数 pop()删除列表中数据并返回被删除的数据的值。

② 使用函数 del 可以删除指定索引位置的数据。第四个数据的索引值为 3。

【示例 7】

```
student_names = ['王真真', '肖强', '陈强', '张明', '李玉', '郑和']
data=student_names.pop(-1)     # 删除列表中最后一个数据，并返回被删除的数据的值
print(data)                    # 输出删除的值
print(student_names)           # 输出删除的最后一个值后的列表
```

```
del student_names[3]              # 删除列表中的第四个数据
print(student_names)              # 输出删除第四个数据后的列表
```

示例 7 的输出结果如下。

```
'郑和'
['王真真', '肖强', '陈强', '张明', '李玉']
['王真真', '肖强', '陈强', '李玉']
```

3. 修改元素

修改列表中元素常用的函数如表 4-4 所示。

表 4-4　修改列表中元素常用的函数

函数	说明
list[index] = obj	将数据索引为 index 的元素修改为元素 obj
reverse()	对列表的所有元素进行逆序操作
sort()	对列表中的元素进行排序，参数 reverse 为 False 表示升序排序，为 Ture 表示降序排序，默认为升序排序

示例 8 在示例 1 基础上，对保存学生学号数据的列表进行以下操作，并输出更新后的列表。

（1）将列表中第五个元素修改为“1007”。

（2）将列表中所有元素进行逆序排列操作。

（3）将列表中元素进行升序排列操作。

分析：

① 使用[ ]可以修改指定索引位置的数据，第五个元素的索引值为 4。

② 使用函数 reverse()可以实现列表逆序排列操作。

③ 使用函数 sort()可以对列表元素排序，进行升序排列需使用语句 reverse= False。

【示例 8】

```
student_nums = [1001, 1002, 1003, 1004, 1005, 1006]
student_nums[4] = 1007                 # 将列表中第五个元素修改为“1007”
print(student_nums)                    # 输出结果
student_nums.reverse()                 # 将列表中所有元素进行逆序排列操作
print(student_nums)                    # 输出结果
student_nums.sort(reverse=False)       # 将列表中元素进行升序排列操作
print(student_nums)                    # 输出结果
```

示例 8 的输出结果如下。

```
[1001, 1002, 1003, 1004, 1007, 1006]
[1006, 1007, 1004, 1003, 1002, 1001]
[1001, 1002, 1003, 1004, 1006, 1007]
```

4. 查询元素

查询列表中元素常用的函数如表 4-5 所示。

表 4-5　查询列表中元素常用的函数

函数	说明
count(obj)	统计列表中元素 obj 出现的次数，返回次数值
index(obj)	查询列表中元素 obj 第一次出现的索引位置，返回索引
for 语句	遍历列表

示例 9 在示例 1 的基础上，对保存学生姓名数据的列表进行以下操作，并输出结果。

（1）统计姓名为“陈强”的同学人数。

（2）查询元素“李玉”第一次出现的索引位置。

（3）查询变量 student_names 中的所有元素。

分析：

① 使用函数 count()统计元素个数。

② 使用函数 index()查询元素的索引位置。

③ 使用 for 语句查询变量中的所有元素。

【示例 9】

```
student_names = ['王真真', '肖强', '陈强', '张明', '李玉', '郑和']
print(student_names.count('陈强'))      # 统计“陈强”出现的次数
print(student_names.index('李玉'))      # 查询元素“李玉”第一次出现的索引位置
for i in student_names:                 # 查询变量 student_names 中的所有元素
    print(i)                            # 输出所有元素
```

示例 9 的输出结果如下。

```
1
4
王真真
肖强
```

```
陈强
张明
李玉
郑和
```

4.2.5 二维列表

当列表中的元素是一个列表时，这种列表称为嵌套列表，也称多维列表。只有一层嵌套的多维列表称为二维列表。在实际应用程序中，很少使用三维及以上的列表，使用的主要是二维列表。二维列表的语法格式如下。

【语法】

```
变量 = [[元素 1, 元素 2, …], [元素 1, 元素 2, …], …]
```

示例 10 使用列表来保存表 4-1 所列的学号和姓名，并使用 for 语句遍历输出这些信息。

分析：

① 使用列表来保存学生的学号和姓名。

② 将学生数据的列表作为另一个列表的元素，构造二维列表。

③ 使用嵌套 for 语句遍历二维列表中的数据。

【示例 10】

```
Students = [[1001, '王真真'], [1002, '肖强'], [1003, '陈强'], [1004, '张明'],
            [1005, '李玉'], [1006, '郑和']]
for info in students:
    for student in info:
        print(student, end=' ')       # print(end = ' ')不换行输出
    print()                           # print()换行输出
```

示例 10 的输出结果如下。

```
1001 王真真
1002 肖强
1003 陈强
1004 张明
1005 李玉
1006 郑和
```

4.3 元组

4.3.1　认识元组

元组与列表非常相似，都是有序的数据，但是两者不同的是，元组是不可变的，列表是可变的。某些程序希望从代码层面保证数据结构中的数据不可以被修改，因此可以使用元组来保存数据，以达到禁止修改数据的目的。

元组具有以下特点。

（1）元组中存储的数据是有序的，每个元素可以使用索引进行访问。这种方法与列表一致。

（2）元组的大小与元组中的元素都是只读的、不可变的。

（3）元组中可以存储任意数据类型的数据。

4.3.2　创建元组

创建元组的常用方法有使用圆括号()和函数 tuple()。

1. 使用圆括号创建元组

使用圆括号创建元组的语法格式如下。

【语法】

```
变量=(数据 1, 数据 2, …)
```

示例 11 使用元组保存表 4-1 所列的学生性别数据。

【示例 11】

```
sex = ('女', '男', '男', '男', '女', '男')
print(sex)
```

示例 11 的输出结果如下。

```
('女', '男', '男', '男', '女', '男')
```

这里需要注意的是，当圆括号中只有一个数据时，数据后面需要加上逗号，例如('2201 班',)，否则括号会被当作运算符使用。当圆括号中没有任何数据时，则会创建一个空元组。

2. 使用函数 tuple()创建元组

函数 tuple()能够将如字符串、列表等数据结构对象转换成元组类型。函数 tuple()创建元组的语法格式如下。

【语法】

```
变量=tuple(other)
```

示例 12 展示了使用函数 tuple()创建元组的用法。

【示例 12】

```
s = 'python'
student_nums = [1001, 1002, 1003, 1004, 1005, 1006]
print(tuple(s))
print(tuple(student_nums))
```

示例 12 的输出结果如下。

```
('p', 'y', 't', 'h', 'o', 'n')
(1001, 1002, 1003, 1004, 1005, 1006)
```

示例 13 在示例 11 的基础上，尝试将元组中第四个数据修改为“女”。

【示例 13】

```
sex = ('女', '男', '男', '男', '女', '男')
sex[3] = '女'
```

示例 13 的输出结果如下。

```
TypeError: 'tuple' object does not support item assignment
```

输出的 TypeError 信息表示程序在运行时出现了错误，错误的原因是在代码中尝试修改元组中的元素，但元组中的数据不允许被修改。

如果需要对元组中的数据进行修改，则可以先将元组转换成列表，然后修改列表中的数据。将元组转换成列表时使用函数 list()，将列表转换成元组时使用函数 tuple()。

4.3.3 常用的元组函数

相比于列表，元组由于无法修改元素，因此常用的函数相对较少，但仍然支持查询元组元素位置等操作。查询元组中元素常用的函数如表 4-6 所示。

表 4-6　查询元组中元素常用的函数

函数	说明
count(obj)	统计元组中元素 obj 出现的次数，返回次数值
index(obj)	查询元组中元素 obj 第一次出现的位置，返回索引
len(obj)	获取元组长度，即元组中元素的个数
min(obj)	获取元组元素中的最小值
max(obj)	获取元组元素中的最大值
for 语句	遍历元组

表 4-6 所列函数的用法与列表函数的用法类似，这里就不一一举例说明。

4.3.4　元组与列表的区别

元组和列表都属于序列，二者有相同点也有不同点，分别体现在以下几个方面。

（1）相同点

① 都可以存放不同的数据类型。

② 都属于有序序列，支持下标访问、双向索引和切片操作。

③ 支持运算符+、*、in 等。

（2）不同点

① 元组不可变，不能直接增添、删除、修改元组中元素，因此没有 append()、extend()、insert()、pop()、remove()等函数。

② 元组的访问速度比列表的访问速度更快，开销更小。

③ 元组可以使代码更加安全。

4.4 字典

4.4.1　认识字典

字典是 Python 提供的一种常用的数据结构，用于存储具有映射关系的数据，如手机号码。用列表或元组来存储手机号码并不是一个好的选择，这时就可以使用字典来保存，以达到通过唯一标识快速获取数据的目的。

字典具有如下特点。

（1）字典是一种以键值对（key:value）形式保存数据的数据结构。

（2）键必须是唯一的，且数据只能是字符串、数字或元组。但值可以不唯一，其数据可以是任意数据类型的数据。

（3）字典中的数据是无序的，不可以使用索引位置进行访问，但可以使用键快速访问对应的值。

（4）字典中的数据是可变的，可以进行增添、删除和修改。

4.4.2 创建字典

字典中最关键的信息是含有映射关系的键值对。创建字典时需要将键和值按规定格式传入特定的符号或函数。Python 中创建字典常用的方法有两种，一种是使用大括号（{}）进行创建，另一种是使用函数 dict()进行创建。

1．使用大括号创建字典

使用大括号创建字典时，将一系列键和值按键值对的格式（key:value）传入大括号{}，并以逗号将各键值对隔开。若在大括号中不传入任何键值对，则表示创建一个空字典。使用大括号创建字典的语法格式如下。

【语法】

```
变量={键 1:值 1,键 2:值 2,…}
```

示例 14 使用字典保存表 4-1 所列信息，其中，学号作为字典的键，由姓名和性别组成的列表作为字典的值。

【示例 14】

```
mydict = { 1001: ['王真真', '女'],
           1002: ['肖强', '男'],
           1003: ['陈强', '男'],
           1004: ['张明', '男'],
           1005: ['李玉', '女'],
           1006: ['郑和', '男']}
print(mydict)
```

示例 14 的输出结果如下。

```
{1001: ['王真真', '女'],
 1002: ['肖强', '男'],
 1003: ['陈强', '男'],
 1004: ['张明', '男'],
 1005: ['李玉', '女'],
 1006: ['郑和', '男']}
```

2. 使用函数 dict()创建字典

Python 中函数 dict()的作用是将只包含两个元素的序列对象转换为字典类型，如只包含两个元素的列表、元组、字符串等。

示例 15 使用函数 dict()创建字典，保存学生的信息，实现与示例 14 相同的效果。

【示例 15】

```
Mydict = dict([[1001, ['王真真', '女']],
               [1002, ['肖强', '男']],
               [1003, ['陈强', '男']],
               [1004, ['张明', '男']],
               [1005, ['李玉', '女']],
               [1006, ['郑和', '男']]])
mydict1 = dict( )      # 创建空字典
print(mydict)
print(mydict1)
```

示例 15 的输出结果如下。

```
{1001: ['王真真', '女'],
 1002: ['肖强', '男'],
 1003: ['陈强', '男'],
 1004: ['张明', '男'],
 1005: ['李玉', '女'],
 1006: ['郑和', '男']}
{}
```

4.4.3 访问字典

字典的数据不能通过索引访问，但能通过键访问对应的值，也可以通过键添加键值对、删除键值对、修改键值对等。

1．访问字典中键对应的数据

访问字典中键对应的数据的语法格式如下。

【语法】

```
变量=字典[键]
```

示例 16 在示例 14 的基础上，从字典中获取学号为 1004 的学生信息。

【示例 16】

```
mydict = {1001: ['王真真', '女'],
          1002: ['肖强', '男'],
          1003: ['陈强', '男'],
          1004: ['张明', '男'],
          1005: ['李玉', '女'],
          1006: ['郑和', '男']}
Data = mydict[1004]     # 提取字典中键 1004 对应的值
print(data)
```

示例 16 的输出结果如下。

```
['张明', '男']
```

2．访问字典中的键、值和键值对

字典涉及的数据分为键、值和键值对。除了直接利用键访问值外，Python 还提供了用于访问字典中所有键、值和键值对的内置函数 keys()、values()和 items()。

示例 17 在示例 14 的基础上，获取字典中所有的键、值和键值对。

【示例 17】

```
print(mydict.keys())        # 利用函数 keys()获取所有的键
print(mydict.values())      # 利用函数 valus()获取所有的值
print(mydict.items())       # 利用函数 items()获取所有的键值对
```

示例 17 的输出结果如下。可以看出，这 3 种函数返回的结果都是可迭代对象，都可以通过函数 list()将返回结果转换为列表。同时还可以使用运算符 in，判断值和键值对是否存在于字典中。

```
dict_keys([1001, 1002, 1003, 1004, 1005, 1006])
dict_values([['王真真', '女'], ['肖强', '男'], ['陈强', '男'], ['张明', '男'],
             ['李玉', '女'], ['郑和', '男']])
dict_items([(1001, ['王真真', '女']), (1002, ['肖强', '男']), (1003, ['陈强',
```

```
'男']), (1004, ['张明', '男']), (1005, ['李玉', '女']), (1006,
['郑和', '男'])])
```

3. 遍历字典

在实际应用中，除了可以使用函数 keys()、values()和 items()获取字典中的键、值和键值对外，还可以使用 for 语句遍历字典获取相应的数据。

示例 18 在示例 14 的基础上，遍历字典中所有的学生信息并输出。

分析：

① 使用 for 语句遍历字典，获取所有学生的学号。

② 在循环语句块中，通过学生学号获取学生信息达到遍历学生信息的目的。

【示例 18】

```
Mydict = {1001: ['王真真', '女'],
          1002: ['肖强', '男'],
          1003: ['陈强', '男'],
          1004: ['张明', '男'],
          1005: ['李玉', '女'],
          1006: ['郑和', '男']}
for key in mydict:
    data = mydict[key]    # 获取所有的学生信息
    print('学号为%d 的学生信息：'%key)
    print(data)
```

示例 18 的输出结果如下。

```
学号为 1001 的学生信息：
['王真真', '女']
学号为 1002 的学生信息：
['肖强', '男']
学号为 1003 的学生信息：
['陈强', '男']
学号为 1004 的学生信息：
['张明', '男']
学号为 1005 的学生信息：
['李玉', '女']
学号为 1006 的学生信息：
['郑和', '男']
```

4.4.4 常用的字典函数

在 Python 内置的数据结构中，列表和字典是最为灵活的数据类型。类似于列表，字典是可变数据类型，因而支持元素的添加、修改和删除操作。

1. 字典元素的添加和修改

向字典中添加和修改数据的语法格式相同，具体如下。

【语法】

```
字典[键]=值
```

【说明】

如果键不存在于字典中，那么向字典中添加新的键值对。如果键已经存在于字典中，那么将新值赋给键对应的值。

示例 19 在示例 14 的基础上，对学生信息进行以下修改，并输出修改后的字典。

（1）向字典中添加一个新的学生数据：学号为 1007，姓名是付艳，性别是女。

（2）将学号为 1003 的学生姓名修改为刘婷，性别修改为女。

【示例 19】

```
mydict = {1001: ['王真真', '女'],
          1002: ['肖强', '男'],
          1003: ['陈强', '男'],
          1004: ['张明', '男'],
          1005: ['李玉', '女'],
          1006: ['郑和', '男']}
mydict[1007] = ['付艳', '女']    # 添加新的学生数据
mydict[1003] = ['刘婷', '女']    # 修改学号为 1003 的学生数据
print(mydict)
```

示例 19 的输出结果如下。

```
{1001: ['王真真', '女'],
 1002: ['肖强', '男'],
 1003: ['刘婷', '女'],
 1004: ['张明', '男'],
 1005: ['李玉', '女'],
 1006: ['郑和', '男'],
 1007: ['付艳', '女']}
```

2．字典元素的删除

删除字典中元素常用的函数如表 4-7 所示。

表 4-7　删除字典中元素常用的函数

函数	说明
pop(key)	删除并返回指定键的键值对
deldict[key]	删除指定键的键值对数据
clear()	清空字典中所有的键值对

示例 20 在示例 14 的基础上，对保存学生信息的字典进行以下操作，并输出更新后的字典。

（1）删除字典中键为 1001 的键值对，并显示被删除的数据。

（2）删除字典中键为 1005 的数据。

（3）清空字典。

【示例 20】

```
Mydict = {1001: ['王真真', '女'],
          1002: ['肖强', '男'],
          1003: ['陈强', '男'],
          1004: ['张明', '男'],
          1005: ['李玉', '女'],
          1006: ['郑和', '男']}
data = mydict.pop(1001)      # 删除字典中键为 1001 的键值对，并显示被删除的数据
print(data)                  # 输出删除的值
print(mydict)                # 输出更新后的字典
delmydict[1005]              # 删除字典中键为 1005 的数据
print(mydict)                # 输出更新后的字典
mydict.clear()               # 清空字典
print(mydict)                # 输出更新后的字典
```

示例 20 的输出结果如下。

```
['王真真', '女']
{1002: ['肖强', '男'], 1003: ['陈强', '男'], 1004: ['张明', '男'],
 1005: ['李玉', '女'], 1006: ['郑和', '男']} {1002: ['肖强', '男'],
 1003: ['陈强', '男'], 1004: ['张明', '男'], 1006: ['郑和', '男']}
{}
```

4.5 集合

4.5.1 认识集合

Python 中集合的概念等同于数学中的集合，也是用来存储多个数据的数据结构，具有以下特点。

（1）元素类型可以不相同。数值、字符串、元组等可以作为集合的元素，但列表、字典不可变数据类型不可作为集合的元素。

（2）集合中保存的数据是唯一的、不重复的。向集合中添加重复数据后，集合只会保留一个。

（3）集合中保存的数据是无序的。

（4）集合支持增删数据。

4.5.2 创建集合

创建集合的情况分为两种：一种是创建非空集合，将不可变元素对象传入大括号；另一种是空集合，使用函数 set()创建。

1．创建非空集合

使用大括号创建非空集合的语法格式如下。

【语法】

```
变量 = {数据 1, 数据 2, …}
```

示例 21 展示了使用大括号创建非空集合的案例。在某水果市场中，有水果摊 A 和水果摊 B。这两家水果摊当日销售的水果如表 4-8 所示。创建两个非空集合，分别用来统计水果摊 A 和水果摊 B 当日销售的水果品种并输出。

表 4-8　水果摊当日销售的水果

水果摊	当日销售的水果
A	苹果、香蕉、梨、橘子、火龙果、葡萄、草莓
B	橘子、荔枝、蓝莓、木瓜、葡萄、梨、荔枝

【示例 21】

```
a = {'苹果', '香蕉', '梨', '橘子', '火龙果', '葡萄', '草莓'}
b = {'橘子', '荔枝', '蓝莓', '木瓜', '葡萄', '梨', '荔枝'}
print(a)
print(b)
```

示例 21 的输出结果如下。

```
{'梨', '橘子', '火龙果', '苹果', '草莓', '葡萄', '香蕉'}
{'木瓜', '梨', '橘子', '荔枝', '葡萄', '蓝莓'}
```

从输出结果中可以看出，在集合 b 中，重复添加的荔枝只出现了一次。这意味着集合具有去重功能，因而集合常被用于过滤或统计数据。

2. 创建空集合

使用函数 set()创建空集合的语法格式如下。

【语法】

```
变量=set()
```

函数 set()与函数 list()、tuple()、dict()的作用类似，能够将其他数据类型的对象转换成集合类型，如列表、元组。若需要创建空集，则只能使用函数 set()且不传入任何参数。示例 22 展示了函数 set()的用法。

【示例 22】

```
myset1 = set()               # 创建空列表
print(myset1)
myset2 = {}                  # 创建空字典
print(type(myset2))          # 输出 myset2 的数据类型
print(myset2)
```

示例 22 的输出结果如下。

```
set()
<class 'dict'>
{}
```

4.5.3 常用的集合函数

集合是可变的。对集合中的元素可以进行添加、删除、查询等操作，同样地，Python

提供了一些适用于操作集合的内置函数，如表 4-9 所示。

表 4-9 常用的集合函数

函数	说明
add(obj)	向集合中添加元素 obj，obj 已存在时不做处理
pop()	随机删除集合中的一个元素，并返回该元素。若集合为空，则返回错误
clear()	清空集合
len(obj)	获取集合长度，即集合中元素的个数
min(obj)	获取集合中的最小值
max(obj)	获取集合中的最大值
for 语句	遍历集合

表 4-9 所列部分函数的用法已在列表中举例说明，请读者参考 4.2 节中列表相关函数的使用方法。下面对和列表中有区别的函数进行示例。

示例 23 在示例 21 的基础上，对集合 a 进行以下操作，并输出更新后的集合。

（1）向集合 a 中添加数据哈密瓜。

（2）随机删除集合 a 中的一个元素，并返回该元素的值。

【示例 23】

```
a = {'苹果', '香蕉', '梨', '橘子', '火龙果', '葡萄', '草莓'}
a.add('哈密瓜')          # 使用函数 add()添加数据哈密瓜
print(a)
data = a.pop()          # 使用函数 pop()随机删除一个元素
print(data)             # 输出删除的元素
print(a)
```

示例 23 的输出结果如下。

```
{'草莓', '葡萄', '香蕉', '橘子', '梨', '哈密瓜', '火龙果', '苹果'}
草莓
{'葡萄', '香蕉', '橘子', '梨', '哈密瓜', '火龙果', '苹果'}
```

4.5.4 集合的运算

Python 中的集合与数学中的集合一样，也可以计算两个集合的交集、并集、差集等。集合使用的运算符和函数如表 4-10 所示。

表 4-10　集合运算符和函数

运算符	函数	功能
|	union	计算两个集合的并集
&	intersection	计算两个集合的交集
–	difference	计算两个集合的差集

1. 并集

由集合 A 和 B 的所有元素组成的集合称为集合 A 和 B 的并集，表达式为 $C=A\cup B=\{x|x\in A$ 或 $x\in B\}$，其中，C 为集合 A 和 B 的并集。并集 C 与集合 A 和 B 之间的关系如图 4-1 所示。图中 C 用灰色表示，A、B 用白色表示，余同。

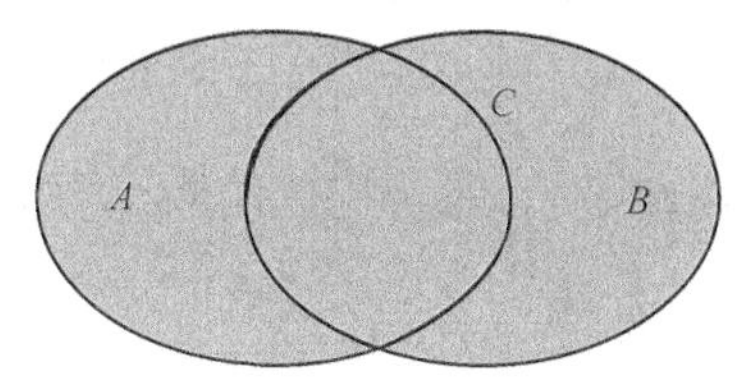

图 4-1　并集 C 与集合 A 和集合 B 之间的关系

示例 24 在示例 21 的基础上，输出两家水果摊当日销售的所有水果品种。

【示例 24】

```
a = {'苹果', '香蕉', '梨', '橘子', '火龙果', '葡萄', '草莓'}
b = {'橘子', '荔枝', '蓝莓', '木瓜', '葡萄', '梨', '荔枝'}
print(a|b)              # 使用运算符“|”获取并集
print(a.union(b)        # 使用函数 union()获取并集]
```

示例 24 的输出结果如下。

```
{'木瓜', '梨', '橘子', '火龙果', '苹果', '草莓', '荔枝', '葡萄', '蓝莓', '香蕉'}
{'木瓜', '梨', '橘子', '火龙果', '苹果', '草莓', '荔枝', '葡萄', '蓝莓', '香蕉'}
```

2. 交集

同时属于集合 A 和 B 的元素组成的集合称为集合 A 和 B 的交集，表达式为 $C=A\cap B=\{x|x\in A$ 且 $x\in B\}$。交集 C 与集合 A 和 B 之间的关系如图 4-2 所示。

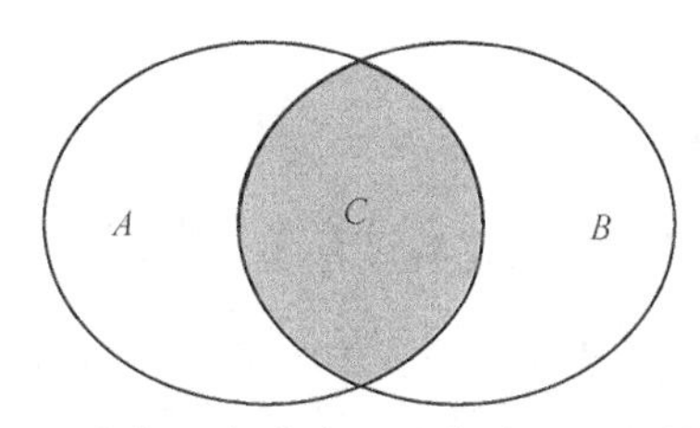

图 4-2　交集 C 与集合 A 和集合 B 之间的关系

示例 25 在示例 21 的基础上，输出两家水果摊当日均有销售的水果品种。

【示例 25】

```
a = {'苹果', '香蕉', '梨', '橘子', '火龙果', '葡萄', '草莓'}
b = {'橘子', '荔枝', '蓝莓', '木瓜', '葡萄', '梨', '荔枝'}
print(a&b)                      # 使用符号“&”获取交集
print(a.intersection(b))        # 使用函数 intersection()获取交集
```

示例 25 的输出结果如下。

```
{'梨', '橘子', '葡萄'}
{'梨', '橘子', '葡萄'}
```

3. 差集

由属于集合 A 而不属于集合 B 的元素构成的集合称为 A 和 B 的差集，表达式为 $C=A-B=\{x|x\in A, x\in B\}$。差集 C 和集合 A 与 B 之间的关系如图 4-3 所示。

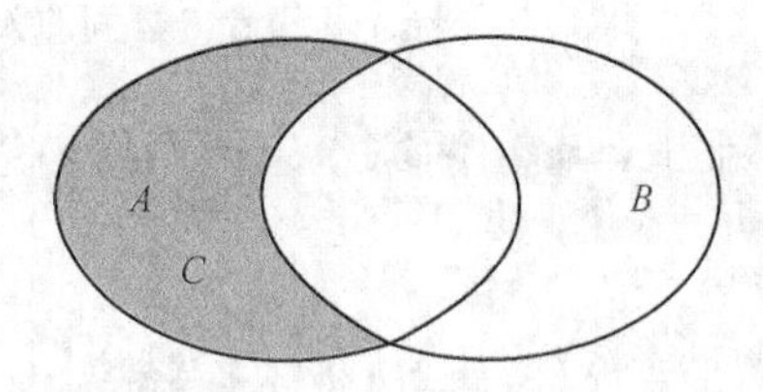

图 4-3　差集 C 和集合 A 与集合 B 之间的关系

示例 26 在示例 19 的基础上，输出除水果摊 A 和 B 均销售的水果之外，水果摊 A 还销售的水果品种。

【示例 26】

```
a = {'苹果', '香蕉', '梨', '橘子', '火龙果', '葡萄', '草莓'}
b = {'橘子', '荔枝', '蓝莓', '木瓜', '葡萄', '梨', '荔枝'}
print(a-b)            # 使用运算符“-”获取差集
a.difference(b)       # 使用函数 difference()获取差集
```

示例 26 的输出结果如下。

```
{'苹果', '香蕉', '火龙果', '草莓'}
{'苹果', '香蕉', '火龙果', '草莓'}
```

集合除上述基本的运算之外，还有异或运算。同时，集合之间的关系也非常重要。例如，两个集合之间可能存在子集、真子集的关系。

本章小结

本章首先介绍了 Python 中的常用数据结构——列表、元组、字典、集合，然后介绍了这些常用的数据结构的创建和使用。下面对本章内容进行总结，具体如下。

（1）Python 中常用数据结构包括列表、元组、字典和集合。列表、字典和可变集合是可变数据类型，数字、字符串、元组、不可变集合是不可变数据类型。

（2）列表用于保存有序的数据，可以对元素进行添加、删除、修改、查询等操作。

（3）元组也用于保存有序的数据，但元组中的元素不能修改。

（4）字典以键值对的方式保存数据，通过字典的键可以快速地获取对应的值。字典中保存的数据是无序的。

（5）集合中的元素具有唯一性，常被用于过滤或统计数据。集合中常用的运算有并集、交集和差集。保存在集合中的数据是无序的。

（6）列表、元组、字典和集合都是可迭代对象，可以使用 for 语句遍历其中的元素。

本章习题

1．任意生成一个斐波那契数列，删除重复项，并增加数列各项之和为新项。

【训练要点】

（1）掌握斐波那契数列的特点。斐波那契数列的前两项均为 1，后面各项等于其前两项之和，例如，长度为 5 的斐波那契数列为[1, 1, 2, 3, 5]。

（2）掌握列表的创建方法，以及元素的增添、删除、修改等操作方法。

（3）掌握函数 sum()的使用方法。

分析：

① 数列的第一项和第二项的值都为 1。

② 当数列长度 $n \geq 2$ 时，之后各项都等于 $n-2$ 项和 $n-1$ 项之和。

③ 数列的第一项和第二项的数值是唯一的重复值，使用函数 pop 删除第一项。

④ 利用函数 sum 获取数列中各项的之和，结合函数 append 实现追加新项。

2．统计歌曲《龙的传人》中使用到的字（包括汉字和英文字母）及其出现的次数，并输出结果。统计时忽略英文字母的大小写，不统计标点符号的个数。

【训练要点】

（1）掌握 for 语句的使用方法。

（2）掌握字典数据结构的创建方法。

（3）掌握字典元素的添加、删除、修改、查询等常用操作方法。

（4）掌握字符串函数 split()的使用方法。

分析：

① 使用字符串保存歌词。

② 处理字符串中的标点和换行符。

③ 遍历处理后字符串中的所有元素。

④ 在遍历过程中，统计使用到的汉字及其个数。

⑤ 判断遍历的字是否存在于字典中，如果不存在，则将该字添加到字典中，并将 value 赋值为 1；如果已存在，则 value 值加 1。

第5章 函数

【能力目标】

（1）了解函数的意义。

（2）掌握函数参数的使用方法。

（3）掌握函数的调用方法。

（4）掌握使用函数实现代码复用的方法。

【知识目标】

（1）理解函数的概念。

（2）掌握函数的定义。

（3）掌握函数的调用方法。

（4）理解传递值与传递引用的区别。

（5）掌握使用函数的返回值进行数据传递的方法。

（6）理解局部变量和全局变量的作用域。

【素质目标】

（1）通过项目小组的活动，培养学生的团队协作、友爱互助精神。

（2）培养学生开拓创新的思维和能力。

（3）培养学生自主学习、终身学习的意识，使学生具有不断学习和适应发展的能力。

5.1 函数的定义和调用

5.1.1 函数的概念

函数是组织好的、可重复使用的，用来实现单一或关联功能的代码段。函数能提高应用的模块性和代码的重复利用率。Python 中提供了很多内置函数，如函数 print()。用户也可以自己定义实现某项功能的函数，这种函数称为自定义函数。在使用函数时，可以通过参数列表将参数传入函数，执行函数中的代码后，执行结果返回给主调函数。

5.1.2 定义函数

Python 中定义函数使用关键字 def，定义函数的语法格式如下。

【语法】

```
def 函数名称([0 个或多个参数组成的参数列表]):
    "注释内容"
    函数体
    return [表达式]
```

【说明】

函数在定义时需遵守以下规则。

（1）任何传入参数和自变量必须放在圆括号内，圆括号之间用于定义参数。当不确定传入多少个参数时，可以以一个星号（*）加上形参名的方式表示该函数的参数个数不确定。参数个数可以为 0 个或者多个。

（2）函数的第一行语句可以选择性地使用文档字符串——用于存放函数说明。

（3）函数内容以冒号（:）起始，在定义函数体时要使用缩进，以区分代码间的层级关系。

语句 return[表达式]结束函数，选择性地返回一个值给调用方。不带表达式的 return 语句相当于返回值为 None。

（4）在函数定义时，函数名一般使用小写英文单词定义，函数名最好能体现函数的功能，做到顾名思义。

示例 1 为定义函数的案例。

【示例 1】

```
def area(width, height):
    "计算矩形面积函数"
    area = width * height
    return area
```

运行示例 1 所示的代码将不显示任何内容，也不会提示异常，这是因为函数 area() 还没有被调用。

5.1.3　函数调用

定义一个函数表示需要给函数一个名称，指定函数包含的参数和代码块结构。完成函数的基本结构以后，便可以通过另一个函数调用执行，也可以直接从 Python 命令提示符执行。函数调用的语法格式如下。

【语法】

```
函数名称([0 个或多个参数组成的参数列表])
```

【说明】

要调用的函数名称必须是已经定义好的。如果已定义的函数有参数，则调用时也要指定各个参数值。如果需要传递多个参数值，则各参数之间使用逗号（,）分隔，并且要根据函数定义时的参数顺序来传递，这样才能正确地传递给对应参数。如果该函数没有参数，则直接写圆括号（()）即可。

调用函数时，如果函数只返回一个值，则该返回值可以赋值给一个变量；如果返回多个值，则可以赋值给多个变量或一个元组。

示例 2 在示例 1 的基础上调用函数，并进行输出。

【示例 2】

```
print(area(30,20))
```

5.2　函数的参数传递和返回值

定义函数时的参数被认为是形式参数，简称形参。调用函数时的参数被认为是实际参数，简称实参。

在调用函数时，对于有参数的函数，调用函数和被调用函数之间有数据传递关系。函数参数的作用是将被调用函数传入参数后运行所得的数据传递给调用函数使用，以使调用函数利用接收的数据进行具体处理。这种函数称为有参函数。

对于没有参数的函数，被调用函数不必传参数给调用函数，这种函数称为无参函数。

5.2.1 位置参数

带位置参数的函数是最基本的参数函数，位置参数也称为必须参数。在调用函数时，参数传递的顺序必须与函数定义的参数顺序保持一致，如果不一致，那么会出现“TypeError”异常信息，并提示缺少必要的位置参数。示例 3 展示了某游戏角色管理界面中位置参数的应用。

【示例 3】

```
def heroInfo(heroname, money, attack):    # 输出对应传入的字符串
    print("角色姓名：", heroname)
    print("金币：", money)
    print("攻击力：", attack)
    return
if __name__ == '__main__':
# 主函数中调用
    heroInfo("大乔", "13888 金币", 168)
```

示例 3 的输出结果如下。

```
角色姓名：大乔
金币：13888 金币
攻击力：168
```

5.2.2 默认参数

当调用有参函数时，如果没有传递参数，则会使用默认参数。示例 4 展示了默认参数的用法。

【示例 4】

```
def studentinfo( name, age = 35 ):
"打印任何传入的字符串"
    print ("名字：", name)
    print ("年龄：", age)
```

```
if __name__ == '__main__':
# 主函数中调用
    studentinfo("张三")
```

示例 4 的结果如下。

```
名字：张三
年龄：35
```

5.2.3　不定长参数

当以元组形式给不定长参数传递多个参数值时，不定长参数前面带一个星号（*）。这种形式定义函数的语法格式如下。

【语法】

```
def functionName([formal_args,] *var_args_tuple ):
    函数体
    return [expression]
```

示例 5 展示了这种不定长参数的用法。

【示例 5】

```
def herotupleInfo(arg1, *args):
"输出任何传入的参数"
    print("输出：", end = "")
    print(arg1, end = "")
    print(args)

if __name__ == '__main__':
# 主函数中调用
    herotupleInfo("height", 10, 20, 30)
    herotupleInfo("老夫子", "大乔", "小乔", "项羽", "张飞")
```

示例 5 的输出结果如下。

```
输出：height(10, 20, 30)
输出：('老夫子', '大乔', '小乔', '项羽', '张飞')
```

除了上述方式外，还有一种不定长参数传入方式——参数中带有两个星号（**）。带有两个星号的参数会以字典的形式导入，具体语法格式如下。

【语法】

```
def functionName([formal_args,] **var_args_dict ):
"函数_文档字符串"
    function_suite
    return [expression]
```

示例 6 展示了这种不定长参数的用法。

【示例 6】

```
# 带有两个星号（**）的不定长参数
def heroInfos(arg1, **dict):
# 输出任何传入的参数
    print("输出：", end = "")
    print(arg1, end = "")
    print(dict)
    for key, value in dict.items():
        print(key, ":", value, end="")
    return

if __name__ == '__main__':
# 主函数中调用
    heroInfos("大乔", money = "13888 金币", attack = "168")
```

结果如下。

```
输出：大乔 {'money': '13888 金币', 'attack': '168'}
money : 13888 金币  attack : 168
```

5.2.4 传递值和传递引用

在 Python 中，列表和字典是可变对象，数值、元组、字符串是不可变对象。实际上，Python 参数传递采用的是传不可变对象和传可变对象。下面通过示例 7 演示传递数值、元组和字符串，请读者观察这 3 个值是否有变化。

【示例 7】

```
def  changeValues(string, tuple, number):
    string = "泰迪"
    tuple = (3, 9)
```

```
    number = 6
if __name__ == '__main__':
# 主函数中调用
    string = "拉布拉多"
    tuple = (2,6)
    number = 8
    changeValues(string, tuple, number)
    print(string, tuple, number)
```

示例 7 的输出结果如下。

```
拉布拉多 (2, 6) 8
```

由此可见，如果函数接收到的是一个不可变对象中的数值、元组或字符串，那么函数中的原始对象并没有改变。这种方式相当于以传递值的方式传递参数。

下面通过示例 8 演示传递列表或字典对象参数，请读者观察列表或字典是否有变化。

【示例 8】

```
def  changeInfo(dict, list):
    dict["didi"] = "泰迪"
if __name__ == '__main__':
# 主函数中调用
    list=["哈士奇", "田园犬", "龙猫"]
    dict={"didi":"哈士奇", "maomao":"龙猫"}
    changeInfo(dict, list)
    print(list, dict)
```

示例 8 的输出结果如下。

```
['哈士奇', '田园犬', '泰迪'] {'didi': '泰迪', 'maomao': '龙猫'}
```

由此可见，当传递的参数是可变对象（如列表、字典）时，函数中的原始对象可以被修改。这种方式相当于以传递引用的方式传递参数。

5.2.5　函数的返回值

在使用函数时，有时候需要获取函数的执行结果，这时可以通过 return 语句将结果返回给调用方。

return [表达式]语句用于退出函数，选择性地向调用方返回一个表达式。执行 return

语句意味着此函数已经执行完成，return 后面的语句将不会被执行。不带参数值的 return 语句返回 None。return 语句的语法格式如下。

【语法】

```
def  func_name(参数列表):
     函数体
     [return [表达式]]
```

示例 9 展示了 return 语句的用法。定义一个函数，用于获取两个数中的最大者。主函数输出两个数中的最大值，以及三个数中的最大值。

【示例 9】

```
def countMax(a, b):
    if a>b:
        return a;
    else:
        return b;
if __name__ == '__main__':

# 主函数中调用
    print("13 与 45 中的最大值为", countMax(13, 45))
    print("13、45、64 中的最大值为", countMax(countMax(13, 45), 64))
```

示例 9 的输出结果如下。

```
13 与 45 中的最大值为 45
13、45、64 中的最大值为 64
```

可以看出，调用函数 countMax(13,45)得到的是一个具体的值 45，该值可以赋给某个变量。

5.3 变量的作用域

5.3.1 局部变量

局部变量是指在函数内部定义并使用的变量，只在函数内部有效，即定义在函数内部的变量拥有局部作用域。函数内部的变量名称只在函数运行时才会创建，在函数运行之前或运行结束之后，所有的局部变量的名称都将不存在。

5.3.2　全局变量

在函数外定义的变量拥有全局作用域。如果一个变量定义在函数外部，那么该变量不仅可以在函数外访问，还可以在函数内访问。

对于在函数内部定义的变量，如果使用关键字 global 声明后，那么该变量也是全局变量，可以在函数外部访问，并且在函数内部可以进行修改。但是，该变量在其他函数内部不能访问。示例 10 展示了局部变量和全局变量的用法。

【示例 10】

```
# 全局变量与局部变量
money = 13888
def printNum():
    money = 16888
    print("函数 printNum 中局部变量 money 的值为", money)
def printNum2():
    money=18888
    print("函数 printNum2 中局部变量 money 的值为", money)
    global money_global
    money_global = 19999
    print("函数 printNum2 中全局变量 money_global 的值为", money_global)

if __name__ == '__main__':
# 局部变量和全局变量函数调用
    printNum()
    printNum2()
    print("全局变量 money = ", money)
    print("全局变量 money_global = ", money_global)
```

示例 10 的输出结果如下。

```
函数 printNum 中局部变量 money 的值为 16888
函数 printNum2 中局部变量 money 的值为 18888
函数 printNum2 中全局变量 money_global 的值为 19999
全局变量 money = 13888
全局变量 money_global = 19999
```

5.4 常用的 Python 内置数学运算函数

Python 中常用的数学运算函数如表 5-1 所示。

表 5-1 Python 中常用的数学运算函数

数学运算函数	说明
abs(x)	返回数值的绝对值，例如，abs(-10)返回 10
ceil(x)	返回数值的上入整数，例如，math.ceil(4.1)返回 5
cmp(x,y)	如果 x<y 则返回-1；如果 x==y 则返回 0；如果 x>y 则返回 1
exp(x)	返回 e 的 x 次幂，例如，math.exp(1)返回 2.718281828459045
fabs(x)	返回数值的绝对值，例如，math.fabs(-10)返回 10.0
floor(x)	返回数值的下舍整数，例如，math.floor(4.9)返回 4
log(x)	返回 x 的自然对数，例如，math.log(math.e)返回 1.0，math.log(100,10)返回 2.0
log10(x)	返回以 10 为基数的 x 的对数，例如，math.log10(100)返回 2.0
max(x1,x2,⋯)	返回给定参数的最大值，其中，参数可以为序列
min(x1,x2,⋯)	返回给定参数的最小值，其中，参数可以为序列
modf(x)	返回 x 的整数部分与小数部分，其中，这两部分的数值符号与 x 相同，整数部分以浮点数表示
pow(x,y)	返回 x**y 运算后的值，即返回 x 的 y 次幂
round(x[,n])	返回浮点数 x 的四舍五入值，n 表示小数点后的位数
sqrt(x)	返回数值 x 的平方根
acos(x)	返回 x 的反余弦弧度值
asin(x)	返回 x 的反正弦弧度值
atan(x)	返回 x 的反正切弧度值
atan2(y,x)	返回给定的 x 和 y 坐标值的反正切值
cos(x)	返回 x 的弧度的余弦值
hypot(x,y)	返回欧几里得范数 sqrt(x*x+y*y)
sin(x)	返回 x 的弧度的正弦值
tan(x)	返回 x 的弧度的正切值
degrees(x)	将弧度转换为角度，例如，degrees(math.pi/2)，返回 90.0
radians(x)	将角度转换为弧度

5.5 游戏角色管理任务的实现 1

5.5.1 任务说明

某游戏角色管理页面用于管理游戏角色的信息，例如，当增加角色时，需添加角色的姓名、特长、金币、防御力、攻击力等信息。编写一个游戏角色管理界面，具体要求如下。

（1）使用函数实现管理功能模块化。

（2）实现用户选择、显示所有角色信息、增加角色信息、修改角色信息、退出界面等功能。

游戏角色管理功能界面的功能如下。

（1）主菜单功能

主菜单显示所有功能，具体信息如图 5-1 所示。

```
游戏角色管理界面v1
1. 显示所有角色信息
2. 增加角色信息
3. 修改角色信息
4. 退出界面
请输入要选择的功能（例1 2 3 4）
```

图 5-1　主菜单的具体信息

（2）用户选择功能

用户输入对应的数字来选择相关操作，其中，1 代表显示所有角色信息，2 代表增加角色信息，3 代表修改角色信息，4 代表退出界面。如果用户输入其他数值，提示重新输入，直到输入 4 退出界面为止。

用户输入数字，以选择相关功能的操作示例如图 5-2 所示。

```
游戏角色管理界面v1
1. 显示所有角色信息
2. 增加角色信息
3. 修改角色信息
4. 退出界面
请输入要选择的功能（例 1 2 3 4）
6
请重新输入一个数字（例 1 2 3 4）
====================
游戏角色管理界面v1
1. 显示所有角色信息
2. 增加角色信息
3. 修改角色信息
4. 退出界面
请输入要选择的功能（例 1 2 3 4）
4
```

图 5-2　用户输入数字选择相关功能的操作示例

（3）显示所有角色信息功能

当用户输入 1 时，进入角色信息显示界面。该功能显示所有角色的详细信息，如图 5-3 所示。

```
请输入要选择的功能（例 1 2 3 4）
1
欢迎来到游戏角色显示页面，角色信息如下：
['姓名', '技能', '金币', '防御力', '攻击力']
['花木兰', '近战输出', '18888', '★★★★★', '★★★★★★']
['刘备', '近战输出', '13888', '★★★★★', '★★★★★']
['李白', '\近战输出', '18888', '★★★', '★★★★★★']
================
```

图 5-3　角色信息显示界面

（4）增加角色信息功能

当用户输入 2 时，进入角色信息增加界面。在该界面可以增加角色信息，如图 5-4 所示。

```
欢迎来到游戏角色增加页面
请输入角色姓名
不知火舞
请输入角色技能
近战魔法输出
请输入角色金币（例18888）
10000
请输入角色防御力
★★★★
请输入角色攻击力
★★★★
增加角色成功
================
```

图 5-4　角色信息增加界面

（5）修改角色信息功能

当用户输入 3 时，进入角色信息修改界面。在该界面可以修改角色信息，如图 5-5 所示。

```
欢迎来到游戏角色信息修改页面
0['姓名', '技能', '金币', '防御力', '攻击力']
1['花木兰', '近战输出', '18888', '★★★★★', '★★★★★★']
2['刘备', '近战输出', '13888', '★★★★★', '★★★★★']
3['李白', '\近战输出', '18888', '★★★', '★★★★★★']
请用数字选择要修改的角色（例 1 2 3 4）
3
['李白', '\近战输出', '18888', '★★★', '★★★★★★']
请输入角色姓名
李白
请输入角色技能
近战输出
请输入角色金币（例18888）
18888
请输入角色防御力
★★★
请输入角色攻击力
★★★★★★
修改角色成功
================
```

图 5-5　角色信息修改界面

5.5.2　任务分析及代码实现

游戏角色管理界面的每个功能使用函数来封装，需定义 3 个函数，分别是显示所有角色信息函数、增加角色信息函数、修改角色信息函数。同时，使用二维列表存储角色信息，如角色姓名、技能、金币、攻击力、防御力等。

在程序中，主函数使用循环，根据用户选择，调用不同函数，实现对应功能。当用户输入错误数值时，程序提示重新输入，直到用户选择 4 时退出。程序的关键代码如下。

（1）程序主界面关键代码

```
while(True):
    print("===================")
    print("游戏角色管理界面 v1")
    print("1.显示所有角色信息")
    print("2.增加角色信息")
    print("3.修改角色信息")
    print("4.退出界面")
    operNum=input("请输入要选择的功能（例 1 2 3 4）\n")
    if(int(operNum)==1):
        listHeroInfo(operNum)
    elif(int(operNum)==2):
        addHero(operNum)
    elif(int(operNum)==3):
        modifyHero(operNum)
    elif(int(operNum)==4):
        break
        exit(0)
    else:
        print("请重新输入一个数字（例 1 2 3 4）")
        continue
```

（2）增加角色关键代码

```
# 增加一个角色
def addHero(operNum):
  if(int(operNum)==2):
    print("欢迎来到游戏角色增加页面")
```

```
        hero_name=input("请输入角色姓名\n")
        hero_skill = input("请输入角色技能\n")
        hero_money=int(input("请输入角色金币（例 18888）\n"))
        hero_attack=input("请输入角色防御力\n")
        hero_defense=input("请输入角色攻击力\n")
        hero=[hero_name,hero_skill,hero_money,hero_attack,
            hero_defense]
        hero_list.append(hero)
        print("添加角色成功")
        print("===================")
```

本章小结

本章介绍了函数的定义与调用、参数传递和返回值，以及变量的作用域。本章的主要内容可以总结为以下几点。

（1）函数的作用是实现代码的封装，提高代码复用性和可扩展性。

（2）函数定义的关键字使用 def。函数定义时，函数的参数分为位置参数、默认参数和可变长度参数。函数的返回值由 return 语句返回，如果没有返回值，则默认返回 None。

（3）在调用函数时，需要注意是传递值还是传递引用。如果是传递引用，则在函数内部如果对可变序列进行了修改，则修改后的结果可以反映到函数外，即改变了实参。

（4）变量分为局部变量和全局变量，作用于不同的范围。当全局变量和局部变量同名时，在局部变量有效时，全局变量被隐藏。在函数内部要将变量改变为全局变量时，需要使用关键字 global 来声明。建议函数内部尽量不要使用全局变量。

本章习题

一、简答题

1．简述定义函数的步骤。

2．简述 Python 中函数参数的种类。

3．简述在 Python 中如何调用函数。

二、编程题

1．图书管理系统用于管理图书信息。当图书入库时，图书管理系统需要增加图书的书名、书号和价格信息。使用函数实现模块化，实现图书的入库和信息显示功能。具体功能如下。

① 初始化图书信息：使用二维列表存储 3 本图书的信息——书号、书名、价格。

② 图书入库：输入图书的书号、书名、价格，并保存这些信息。

③ 图书信息显示：显示图书的书号、书名、价格。

2．银行账户管理系统可以实现银行账户取款、存款和查看余额功能。现编写相关代码，定义函数，分别实现银行账户取款、存款和查看余额功能。代码中使用参数和返回值作为数据传递，将账户的用户名和余额存储在字典中，其中，账户的初始金额为 100 元。

第 6 章　文件与异常

【能力目标】

（1）能进行文件保存路径的设置。

（2）能实现对 TXT 文件和 CSV 文件的读/写。

（3）会使用 os、glob、shutil 模块对文件及路径进行操作。

【知识目标】

（1）了解常用的文件类型。

（2）掌握文件保存路径的设置。

（3）掌握对 TXT 文件和 CSV 文件的读/写。

（4）掌握 JSON 文件的特点。

【素质目标】

（1）具有良好的思考和分析问题的能力。

（2）培养有效沟通的能力。

（3）培养学生相互帮助、团结协作的能力。

6.1　文件及其基本操作

文件读/写是程序设计语言的基础功能。对于 Python 这种与数据分析应用相关的语言来说，文件的读/写尤为重要。本章主要介绍文件的读/写操作，以及对保存路径的一些操作。此外，本章也会介绍在数据分析中常用的 CSV 文件的读/写操作，以及接口数据常用的 JSON 文件的读/写操作。

6.1.1　常用的文件类型

1．文件简介

文件是存储在某种存储设备中的一段数据，并且由计算机文件系统进行管理。简言之，文件是存储在存储媒介上的信息或数据，这些信息或数据可以是文字、照片、视频、音频等。

2．常见的数据分析文件类型和扩展名

在使用计算机的过程中，难免会接触各式各样的文件，如文档、图片、视频等。为了区分不同的文件和文件类型，文件的名称由文件名和扩展名两部分组成，其中，文件名可以自定义，用来区分不同的文件；扩展名一般为创建文件时默认的扩展，用来区分不同内容的文件类型。例如，对于神雕侠侣.txt 和天龙八部.txt 这两个文件，从文件名上可以很快区分出这两个文件在内容上有所不同。又如，对于神雕侠侣.txt 和神雕侠侣.mp3 这两个文件，从扩展名上可以看出这两个文件的类型是不同的。

真实的数据分析应用中会用到较多的文件类型（格式）。常见的文件类型如表 6-1 所示。

表 6-1　数据分析中常见的文件类型

扩展名	说明	文件读取方法
.csv	CSV：Comma-Separated Values，逗号分隔值，经常被用来作为不同程序之间数据交互的格式。解析之后的该格式与数据库表的格式很类似	pandas.read_csv()
.json	JSON 类型的文件被用于在网络上传输结构化数据，可以很容易地使用任何编程语言进行读取。在 Python 中，JSON 类型是一种类似列表和字典的多维嵌套形式	pandas.read_json()
.xlsx	XLSX 是微软 Excel 能打开的 XML 文件格式，也是一种电子表格的文件类型。 XLSX 数据是在工作表的单元格和列下组织的。每个 XLSX 文件可以包含不止一个工作表，即工作簿可以包含多个工作表	pandas.read_excel()
.zip	ZIP 类型是存档文件类型，也是常说的压缩文件类型。数据分析中通常会对大量数据进行压缩	zipfile
.txt	TXT 是纯文本类型	open()
.xml	XML 也称为可扩展标记语言，是具有一定编码数据规则的文件格式	XML

6.1.2 TXT 文件的读/写操作

1. 打开和关闭 TXT 文件

在 Python 中，打开和关闭 TXT 文件使用两个内置函数：open()和 close()。当需要对文件进行相关操作时，首先使用函数 open()打开文件，然后对文件进行相关操作，最后使用函数 close()关闭文件。

使用函数 open()时需要指定文件路径（path）、打开文件的模式（mode）、文件的编码格式（encoding）等参数。函数 open()的 3 个参数如表 6-2 所示。

表 6-2 函数 open()的 3 个参数

参数	是否必填	说明
path	是	文件路径
mode	否，默认为只读模式	打开模式
encoding	否，默认为 None	编码格式

path 是使用函数 open()的必备参数，代表文件所在的路径。路径可以是绝对路径，也可以是相对路径，其中，绝对路径是指文件在操作系统中准确的存放路径；相对路径是指与目前引用文件的相对位置，如果文件在同一级别，直接输入文件名即可。示例 1 展示了文件的绝对路径和相对路径的使用方法。

在代码编辑文件的同级目录（示例 1 使用的目录为 D:\pycharm）下，新建一个空的 news.txt 文件，然后使用绝对路径和相对路径两种方式打开该文件。

【示例 1】

```
news = open('news.txt')                    # 打开 news.txt 文件，参数为相对路径
print(news)
news.close()
news = open('D:\pycharm\news.txt')    # 打开 news.txt 文件，参数为绝对路径
print(news)
news.close()
```

示例 1 的输出结果是对象信息，包含文件名、打开模式和编码格式。可以发现，每调用一次函数 open()，就需要用函数 close()将文件关闭。这样做是为了避免一些不必要的冲突和错误出现，同时也能起到节约内存的作用。

2. 读/写文件

在打开文件之后，对文件的常见操作是读取和写入，分别使用函数 read()和 write()。并不是打开文件都能使用函数 read()和 write()。函数 read()只能在文件可读的情况下调用，而不能在文件只写不可读的情况下调用。函数 write()只能在文件可写的情况下调用。

（1）文件打开模式

当使用函数 open()打开 news.txt 文件时，有一个参数 mode，表示文件打开模式。常用的文件打开模式有只写（w）模式、只读（r）模式、只追加（a）模式，默认的文件打开模式为只读模式。

通过只读模式打开的文件只能使用函数 read()读取文件内容，而不能使用函数 write()对内容进行修改。

通过只写模式或只追加模式打开的文件只能使用函数 write()将内容写入文件，而不能使用函数 read()读取文件内容。只写模式和只追加模式的区别是：只写模式是从文件光标所在处写入内容，如果原文件中有内容，则新写入内容会覆盖原有的内容；只追加模式是从文件末尾处追加内容，不会覆盖原有内容。

除了上述模式外，文件打开模式中还有既可以写也可以读的模式，如 r+、w+等模式。具体的文件打开模式及其描述如表 6-3 所示。

表 6-3　文件打开模式及其描述

文件打开模式	描述
r	以只读方式打开文件，文件的指针会放在文件的开头。这是默认的文件打开模式
rb	以二进制格式打开文件，用于只读文件，文件指针将会位于文件的开头
r+	用于读/写文件，文件指针会放在文件的开头
rb+	以二进制格式打开文件，用于读/写文件，文件指针将会放在文件的开头
w	用于写入文件。如果文件已存在，则打开文件，并从头开始编辑，即文件的原有内容会被覆盖。如果文件不存在，则创建新文件
wb	以二进制格式打开文件，用于写入文件。如果文件已存在，则打开文件，并从头开始编辑，即原有内容会被覆盖。如果文件不存在，则创建新文件
w+	用于读/写文件。如果文件已存在，则打开文件，并从头开始编辑，即文件的原有内容会被覆盖。如果文件不存在，则创建新文件
wb+	用于读/写文件。如果文件已存在，则以二进制格式打开文件，并从头开始编辑，即文件的原有内容会被覆盖。如果文件不存在，则创建新文件
a	用于只追加文件。如果文件已存在，则打开文件，文件指针将会放在文件的末尾，也就是新的内容将会写到已有内容之后。如果文件不存在，则创建新文件进行写入
ab	用于只追加文件。如果文件已存在，则以二进制格式打开文件，文件指针将会放在文件的末尾，也就是新的内容将会写到已有内容之后。如果文件不存在，则创建新文件进行写入

（续表）

文件打开模式	描述
a+	用于读/写文件。如果文件已存在，则打开文件，文件指针将会放在文件的末尾，文件打开时使用只追加模式。如果文件不存在，则创建新文件进行读/写
ab+	用于只追加文件。如果文件已存在，则以二进制格式打开文件，文件指针将会放在文件的末尾。如果文件不存在，则创建新文件用于读/写

函数 read()读取整个文件的内容并返回相应值，返回值的类型是 str。函数 write()是写入函数，接收 str 类型的数据作为参数，并将内容写入已经用可写模式打开的文件。示例 2 展示了这两个函数的用法。

在示例 2 中，将“我的爱好是打篮球”写入空文件 information.txt，具体步骤如下。

步骤 1：打开 information.txt 文件，将打开模式设为只写（w）模式。

步骤 2：使用函数 write()将内容写入文件。

步骤 3：调用函数 close()将文件关闭。

【示例 2】

```
file = open('information.txt', mode = 'w') # 打开 information.txt 文件，将打开模式
                                             设置为只写模式
file.write('我的爱好是打篮球')                # 写入内容
file.close()                                 # 关闭文件
```

将内容写入以后，下面通过只读（r）模式打开 information.txt 文件，验证内容是否已经被写入。

示例 3 展示了通过只读（r）模式打开 information.txt 文件，并且实现在控制台输出文件内容。具体步骤如下。

步骤 1：打开 information.txt 文件。

步骤 2：将打开模式设为只读（r）模式。

步骤 3：使用函数 read()读取文件内容，并在控制台输出。

步骤 4：调用函数 close()将文件关闭。

【示例 3】

```
file = open('information.txt', mode = 'r') # 打开 information.txt 文件，将打开模
                                             式设置为只读模式
print(file.read())                           # 读取文件内容在控制台输出
file.close()                                 # 关闭文件
```

示例3的输出结果如下。

```
我的爱好是打篮球
```

示例4展示了在不改变information.txt文件原有内容的前提下，只在文件末尾添加作者的信息（作者：小明）。具体步骤如下。

步骤1：使用只追加（a）模式打开文件，并将内容追加到文件末尾。

步骤2：在只追加模式下，写入位置默认是从文件最后一个字符的位置开始，即指针落在最后一个字符的后面。为了美观，示例4在追加的时候插入一个换行符，以便另起一行写入作者的名字。

【示例4】

```
file = open('information.txt', mode = 'a')
file.write('\r作者：小明')            # 插入一个换行符
file.close()
file = open('information.txt', mode='r')
print(file.read())
file.close()
```

示例4的输出结果如下。

```
我的爱好是打篮球
作者：小明
```

从上述示例可以看出，这3种文件打开模式所起的作用是不同的。

（2）文件读/写位置

软件记事本在编辑txt文件时会有一个光标，表示目前所在位置。Python为文件的读/写操作，也提供了一种类似的函数——seek()，用于定位文件的读/写位置。函数seek()接收两个参数，一个是偏移量，表示光标移动几个字符；另一个是定位，其中，0为默认值，表示从文件的开头开始；1表示从文件的当前位置开始；2表示从文件的末尾开始。

示例5在示例4的基础上添加标题，即在information.txt文件的开头添加“标题：个人介绍”。具体过程如下。

前面介绍的Python知识还无法直接从文件的开头添加内容，且保持后面的内容不变，因此要完成本示例任务，需要先将文件内容读取出来，然后使用函数seek()移动光标到指定位置，利用读/写（r+）模式所具有的写入内容会覆盖原有内容的特点，重新写入正确内容。

【示例 5】

```
file = open('information.txt', mode = 'r+')
content = file.read()
print(content)
file.seek(0, 0)
file.write('标题：个人介绍\r'+content)
file.read()
file.close()
```

示例 5 的输出结果如下。

```
标题：个人介绍
我的爱好是打篮球
作者：小明
```

（3）文件编码格式

在文件读取过程中，有一个重要的问题不可忽视，那就是编码格式。如果打开文件所用的编码格式和原文件的编码格式不符，那么打开文件时程序很可能报错。在 Python 中，常见的编码格式有 ASCII、Unicode、UTF-8、GBK 等。这里不展开讲解各编码格式，只介绍以下几种常用的编码格式。

① ASCII。ASCII 使用一个字节存储英文和字符，主要用于英文及西欧语言。

② Unicode。Unicode 使用两个字节存储大约 65536 个字符，主要用于除英文之外的其他国家的语言符号。

③ UTF-8。UTF-8 是 Unicode 的实现方式之一，是对中文友好的文件编码格式。

④ GBK，汉字内码扩展规范，将汉字对应成一个数字编码。

常用的支持中文的编码格式有 UTF-8 和 GBK。当文件中出现中文字符的编码格式错误时，我们可以尝试用这两种文件编码格式打开文件。在打开文件时，使用参数 encoding 指定编码格式。示例 6 演示如何使用不同的文件编码格式打开文件。

【示例 6】

```
file = open('information.txt', mode = 'r',encoding = 'ascii')
print(file.read())
file.close()
```

示例 6 的输出结果如下。

```
UnicodeDecodeError: 'ascii' codec can't decode byte 0xb1 in position 0: ordinal not in range(128)
```

可以看出，使用 ASCII 编码格式无法打开文件。使用 UTF-8 编码格式时则可以正常打开该文件，具体代码请读者实现。

3. 行读取文件

前面介绍的函数 read()可以实现一次性地将文件内容返回，返回类型为 str，但是在很多情况下，这种读取文件的方法不是很方便。因此，下面介绍行读取文件的方法，即把一行当成一个单位字符串，进行逐行返回或整体返回。

行读取文件有两种函数：函数 readline()和函数 readlines()。函数 readine()只读取文件的下一行，返回类型为 str。当遇到比较大的文件时，这种方法可以避免出现内存不足问题。函数 readlines()读取文件的所有行，可以用循环遍历的方式逐行读取，返回类型是 list。示例 7 展示了这两种行读取文件函数的用法。

在示例 7 中，使用两种行读取文件函数，分别读取 information.txt 文件。具体步骤如下。

步骤 1：打开 information.txt 文件。

步骤 2：将打开模式设为只读模式。

步骤 3：使用 while 语句，使用函数 readline()按行读取文件，直到没有下一行为止。

步骤 4：使用函数 readlines()读取文件，然后使用 for 语句遍历所有内容直到没有下一行为止，并打印输出。

【示例 7】

```
file = open('information.txt', node = 'r')
line = file.readline()
while line:
    print(line)
    line = file.readline()
for line in file.readlines():
    print('readlines 函数: '+line)
```

示例 7 的输出结果如下。

```
标题：个人介绍
我的爱好是打篮球
```

```
作者：小明
readlines 函数：标题：个人介绍
readlines 函数：我的爱好是打篮球
readlines 函数：作者：小明
```

从输出结果可以看出，函数 readline()和函数 readlines()都输出了文件的内容，其中，函数 readlines()将每一行内容作为一个字符串，存储在整个列表中，并通过遍历列表，把每一行内容打印输出。

6.1.3 with 语句

在大多数情况下，文件在被打开之后，是需要进行关闭的，这样既能避免文件的重复打开冲突，也能节约内存资源。但这种方式比较麻烦，因而 Python 提供了 with 语句。使用 with 语句对文件进行操作，就可以不使用函数 close()来关闭文件，这是因为 with 语句会自动关闭文件。

with 语句的主要作用如下。

（1）解决异常退出时的资源释放问题。

（2）解决用户忘记调用函数 close()而产生的内存资源泄漏问题。

with 语句的语法格式如下。

【语法】

```
with open (…) as name:
name.read()
…
```

【说明】

name 为打开的文件名，该文件名不能与其他变量或者 Python 关键字冲突。

示例 8 展示了使用 with 语句打开 information.txt 文件的方法。

【示例 8】

```
with open('information.txt') as file:
    print(file.read())
print(file.read())
```

示例 8 的输出结果如下。

```
标题：个人介绍
```

```
我的爱好是打篮球
作者：小明
ValueError: I/O operation on closed file.
```

从输出的结果中可以看出，使用 with 语句打开文件并读取文件中的内容后，在 with 语句之外调用函数 read()时，程序报错，提示无法读取已经关闭的文件。由此可见，虽然 with 语句没有调用函数 close()，但也将文件关闭了，因此，我们建议使用 with 语句打开文件。

6.1.4　技能实训

利用 Python 的流程控制语句和文件读/写函数，编写一个九九乘法表程序，并将九九乘法表写入 TXT 文件。

分析：

① 九九乘法表呈三角形，可以通过两重循环嵌套的方式来实现。

② 观察每一个等式，等号左边两数相乘，等号右边的数总是大于或等于等号左边的数，因而可以通过 if 语句进行判断。

③ 每一行可以被看作一次循环的输出。

④ 使用 while 语句进行循环，使用 break 语句跳出循环。

⑤ 使用 with 语句打开文件，并用函数 write()将内容写入 TXT 文件。

6.2　数据文件的应用

6.1 节介绍了打开和读/写 TXT 文件的操作方式，但在真实的开发环境中，只掌握 TXT 文件的相关操作是远远不够的，还需要掌握和了解一些其他文件格式的文件操作方式。下面介绍 Python 在数据分析过程中常用的两类文件：CSV 文件和 JSON 文件。

6.2.1　CSV 文件与 JSON 文件的读/写

1. CSV 文件格式和 JSON 文件格式

表 6-1 所列内容已经对 CSV 和 JSON 文件格式进行了简单介绍。CSV 文件格式很像数据库表格式，是用逗号分隔的结构化数据。在数据分析中，许多原始数据就是

以这种格式保存的。JSON 文件格式是一种类似列表与字典嵌套的格式，经常被用于网站接口，特别是被用于数据爬虫或者前后端交互。JSON 文件格式和 CSV 文件格式示例如下。

（1）JSON 文件格式示例

```
("姓名":"张三","成绩":[{"第一次月考":83"},{"期中考试":"88"},{"期末考试":"76"}])
```

（2）CSV 文件格式示例

```
姓名，第一次月考成绩，期中考试成绩，期末考试成绩
张三，83，88，76
```

要在 Python 中操作或处理这两种格式的文件，就要用到 Python 的内置模块：CSV 模块和 JSON 模块。

2．CSV 模块

CSV 模块提供了重要的读/写 CSV 文件的方法：函数 reader()和函数 writer()。这两种方法都接收可迭代对象并作为参数，该参数可以理解为一个打开的 CSV 文件。函数 reader()返回一个生成器，可以通过循环对其进行遍历。函数 writer()返回一个 writer 对象，该对象提供 writerow 方法，将内容以按行的方式写入 CSV 文件。

示例 9 展示了 CSV 模块的用法。在示例 9 中，student.txt 文件在代码编辑文件的同级目录下。由于业务需要，现将 TXT 文件转换为 CSV 文件。student.txt 文件的内容如下。

```
姓名，年龄，成绩
张三，16，85
李四，16，77
韩梅梅，17，93
李雷，17，59
```

可以看出，student.txt 文件中共有 5 行数据，其中，第一行为数据列标题，其余 4 行为具体数据。3 个数据列标题分别为姓名、年龄、成绩，其中，各元素之间用空格分隔。将 TXT 文件转换为 CSV 文件，首先用前面介绍的 TXT 文件的处理方式，将文件内容读取出来；然后使用 CSV 模块中的方法将数据写入 CSV 文件。具体步骤如下。

步骤 1：打开 student.txt 文件，按行循环遍历来读取内容。

步骤 2：打开空的 student.csv 文件，在步骤 1 遍历的同时，将内容按行写入 student.csv 文件。

步骤 3：关闭上述两个文件。

【示例 9】

```
import csv
with open('student.csv','w',encoding = 'utf-8', newline = '') as csvfile:
    writer = csv.writer(csvfile)
    with open('student.txt', 'r', encoding = 'utf-8') as f:
        for line in f.readlines():
            line_list = line.strip('\n').split(' ')
            writer.writerow(line_list)
```

使用记事本软件打开 student.csv 文件之后，我们可以看到以下内容。

```
姓名，年龄，成绩
张三，16，85
李四，16，77
韩梅梅，17，93
李雷，17，59
```

可以看出，虽然在代码中没有加逗号的操作，但是文件内容自动用逗号进行分隔，这就是 CSV 文件格式的特点——用逗号分隔文件内容。这种用逗号分隔数据的格式在数据分析应用中非常常见，其原因是分隔符是简单的逗号，能方便地加载和处理数据。

3．JSON 模块

在 JSON 模块中，常用的两种方法是将 Python 对象编码为 JSON 字符串的 json.dumps 方法和将 JSON 字符串解码为 Python 对象的 json.loads 方法。要将 Python 对象编码存放到 JSON 文件中，需要用到 json.dump 方法；将 JSON 文件内容解析为 Python 对象，则需要用到 json.load 方法。JSON 模块中常用的方法及其描述如表 6-4 所示。

表 6-4　JSON 模块中常用的方法及其描述

方法	描述
json. dump	将 Python 对象编码存放到 JSON 文件中
json.dumps	将 Python 对象编码为 JSON 字符串
json.load	将 JSON 文件内容解析为 Python 对象
json.loads	将 JSON 字符串解码为 Python 对象

下面通过示例 10 了解 json.dumps 和 json.loads 方法。

在示例 10 中，先使用 json.dumps 方法将 data 数据编码为 JSON 字符串，再使用

json.loads 方法将 JSON 字符串解析为原来的 data 数据。

【示例 10】

```
import json
data = [{'a':1, 'b':2, 'c':3}]
json_data = json.dumps(data)
print(json_data)
print(type(json_data))
python_obj = json.loads(json_data)
print(python_obj)
print(type(python_obj))
```

示例 10 的输出结果如下。

```
[{'a': 1, 'b': 2, 'c': 3}]
class 'str'
[{'a': 1, 'b': 2, 'c': 3}]
class 'list'
```

通过输出结果可以看出，json.dumps 和 json.loads 方法实现了 Python 对象与 JSON 字符串之间的相互转换。

示例 11 展示了将 student.txt 文件内容的格式转换为 JSON 格式，然后将转换格式后的内容写入 student.json 文件。

分析：

① 使用 JSON 模块中的方法来实现。

② 将 student.txt 文件中的内容写入 student.json 文件的过程为：先将内容放入 Python 的数据结构对象（字典和列表），再将该对象转换并写入 student.json 文件。

③ 将这种类似表格的数据转换为 JSON 数据，比较好的做法是先将 student.txt 文件中的每一行数据写入一个字典，再将所有字典存入一个列表。

实现步骤具体如下。

步骤 1：打开 student.txt 文件，按行循环遍历内容。

步骤 2：将第一行内容（数据列名）当作字典的 key，将其他行作为字典的 value。

步骤 3：将所有的字典放在一个列表中。

步骤 4：打开 student.json 文件，利用 json.dump 方法将该列表进行 JSON 格式编码，并放入文件。

【示例 11】

```
import json
with open('student.txt', 'r', encoding = 'utf-8') as f:
    content = []
    content_json = []
    for line in f.readlines():
        line_list = line.strip('\n').split(' ')
        content.append(line_list)
    keys = content[0]
    for i in range(1,len(content)):
        content_dict ={}
        for k,v in zip(keys, content[i]):
            content_dict[k] = v
        content_json.append(content_dict)
            print(content_json)
    with open('student.json', mode = 'w') as j:
    json.dump(content_json,j)
```

示例 11 的输出结果如下。

```
[
{'姓名': '张三', '年龄': '16', '成绩': '85'},
{'姓名': '李四', '年龄': '16', 成绩: '77'},
{'姓名': '韩梅梅', '年龄': '17', '成绩': '93'},
{'姓名': '李雷', '年龄': '17', '成绩': '59'},
]
```

运行示例 11 所示代码后，在同级路径下可以找到 student.json 文件。该文件打开之后的内容如下。

```
[{"\u59d3\u540d": "\u5f20\u4e09", "u5e74lu9f84"." 16", "u6210u7ee9". "85"},
{"\u59d3\u540d": "u674elu56db", "u5e74\u9f84"."16", "\u6210u7ee". "77"},
{"u59d3\u54d": "u97e9\u6885\u6885", "\u5e74\u9f84"17", "u6210u7ee9". "93"},
{"lu59d3\u540d": "\u674elu96f7", "u5e74\u9f84": "17", "u62101u7ee9": "59"}]
```

可以看出，示例 11 输出的内容已经全部保存到 student.json 文件，并被自动编码成了 Unicode 格式。这时，要重新将文件中的内容解析为 Python 的列表，只需要用 json.load 方法就可以完成。

示例 11 中使用了 zip 方法。zip 方法接收多个可迭代对象作为参数，将对象中对应位置的元素组合成一个个元组，并返回由这些元组组成的列表，例如，zip(['a','b','c'],['a','b','c'])返回的结果是[('a','a'),('b','b'),('c','c')]。

接下来介绍将文件放到指定位置的操作方法。

6.2.2 路径和文件的操作

在 Python 中，能对路径和文件操作的模块较多。下面介绍常用的 3 个模块：os、glob、shutil。

1. os 模块

os 模块是 Python 标准库中的一个用于访问操作系统的模块，包含通用的操作系统功能，比如复制、创建、修改、删除文件及文件夹，以及设置用户权限。在将文件放到指定位置时需要用到 os 模块中的 mkdir 方法创建目录，以及 nath 子模块中的 exist 方法，判断目录是否存在。os 模块中常用的方法、功能及其描述如表 6-5 所示。

表 6-5 os 模块常用的方法、功能及其描述

方法	功能	描述
os.name	查看当前使用的操作系统平台	返回当前使用的操作系统平台的代表字符，Windows 用'nt'表示，Linux 用'posix'表示
os.getcwd()	查看当前路径和文件	返回当前工作目录
os.listdir(path)		返回 path 目录下所有文件列表
os.path.abspath(path)	查看绝对路径	返回 path 的绝对路径
os.system()	运行系统命令	运行 shell 命令
os.path.split(path)	查看文件名或目录	将 path 的目录和文件名分开为元组
os.path.join(path1,path2,…)		将 path1 和 path2 进行组合，若 path2 为绝对路径，则将 path1 删除
os. path.dirname(path)		返回 path 中的目录（文件夹部分），结果不包含"\"
os.path.basename(path)		返回 path 中的文件名
os.mkdir(path)	创建目录	创建 path 目录（只能创建一级目录，如 F:/XXX/www 表示在 XXX 目录下创建 www 目录）
os.makedirs(path)		创建多级目录（如 F:/XXX/SSS），在 F 盘创建 XXX 目录，继续在 XXX 目录下创建 SSS 目录
os.remove(path)	删除文件或目录	删除文件（必须是文件）
os.rmdir(path)		删除 path 目录（只能删除一级目录，如 F:/XXX/SSS 表示只删除 SSS 目录）
os.removedirs(path)		删除多级目录（如 F:/XXX/SSS 表示删除 SSS、XXX 两级目录）

（续表）

方法	功能	描述
os.path.getsize(path)	查看文件的大小	返回文件的大小，若是目录则返回 0
os.path.exists(path)	查看文件	判断 path 是否存在，若存在则返回 True，若不存在则返回 False
os.path.isfile(path)		判断 path 是否为文件，若是则返回 True，若不是则返回 False
os.path.isdir(path)		判断 path 是否为目录，若是则返回 True，若不是则返回 False

示例 12 展示了 os 模块的用法。

在示例 12 中，新建路径“D:/test/学生数据/”，作为示例 9 生成的 student.csv 文件和示例 11 生成的 student.json 文件的存放路径。

分析：

我们先确认是否有目标路径，如果没有就创建目标路径。os 模块的相应方法可以被用于实现目标路径的创建，具体如下。

步骤 1：判断是否有“D:/test/学生数据/”这一目录。

步骤 2：如果没有，则创建这个目录。

【示例 12】

```
import os
path = 'D:/test/学生数据/'
for not os.path.exists(path)
 os.mkdir(path)
```

运行代码之后，我们通过 Windows 文档管理器进行查看，可以发现路径“D:/test/学生数据/”已经被创建。此时，上述的 student.csv 文件和 student.json 文件可以被移动到该路径下。

2．glob 模块

使用 os 模块可以完成绝大部分对文件及路径的操作。但是，如果需要在一个文件夹下查找某种类型的文件，那么这时使用 os 模块会比较难实现。glob 模块提供了一种很好用的方法来查找某种类型的文件——glob 方法，该方法将一条路径作为参数，返回所有匹配文件，返回值的类型是 list。glob 方法支持模糊匹配，可以查找到所需类型的文件。例如只需要语句 glob.glob('D:/*.json')，就会找到路径“D:/”下所有的 JSON 文件，并以列表的形式返回。该语句中的“*”是一个通配符，可以匹配 0 个或者多个字符。

示例 13 展示了 glob 模块的用法。

在示例 13 中，已知两个文件 student.csv 和 student.json 被放在路径“D:/XXX/学生数据/”下，其中，XXX 表示某个文件夹。这时，我们可以使用 glob 模块来查找这两个文件的具体路径。

【示例 13】

```
import glob
path = 'D://*/学生数据/'
for i in glob.glob(path + '*'):
  print(i)
print(glob.glob(path + '*.csv'))
```

示例 13 的输出结果如下。

```
D:/test/学生数据/student.csv
D:/test/学生数据/student.json
[D:/test 学生数据/student.csv]
```

3．shutil 模块

shutil 模块是对 os 模块中文件操作的补充，是 Python 自带的关于文件、文件夹和压缩文件的高层次的操作工具。下面在路径“D:/test/学生数据/”下新建两个文件夹，通过复制和移动的方式分别将文件 student.csv 和 student.json 放到相应的文件夹中。shutil 模块提供了复制文件的 copy 方法和移动/剪切文件的 move 方法，这两种方法都接收两个参数，一个参数是原文件路径，另一个参数是目的文件路径。

示例 14 展示了用移动和复制这两种方式将文件放入指定文件夹，使用 shutil 模块实现该操作的方法。实现步骤如下。

步骤 1：在路径“D: /test/学生数据/”下创建两个文件夹，文件夹名称分别是“CSV 文件”和“JSON 文件”。

步骤 2：利用 copy 方法将 student.csv 文件复制并粘贴到路径“D:/test/学生数据/csv 文件/”下。

步骤 3：利用 move 方法将 student.json 文件剪切并粘贴到路径“D:/test/学生数据/json 文件/”下。

【示例 14】

```
import shutil
import os
```

```
import glob
path = 'D:/test/学生数据/'
os.mkdir(path+'csv 文件/')
os.mkdir(path+'json 文件/')
shutil.copy(path+'student.csv', path+'csv 文件/student.csv')
shutil.move(path+'student.json', path+'json 文件/student.json')
for file in glob.glob(path + '*/*'):
    print(file)
```

示例 14 的输出结果如下。

```
D:/test/学生数据/csv 文件/student.csv
D:/test/学生数据/json 文件/student.json
```

通过输出结果可以看到，两个文件均被移动到相应的文件夹中。

6.2.3　技能实训

实现将“篮球明星.json”文件内容的形式转换为表格形式，并将转换后的内容存入“篮球明星.csv”文件。“篮球明星.json”文件内容如下。

```
{
"金州勇士": [
({"斯蒂芬库里": {"场均得分: "."26.4", "场均篮板": "5.12", "场均助攻"*6.08"}},
("凯文杜兰特": {"场均得分"."26.4", "场均篮板 7."6.82", "场均助攻": "5.38"}}],
"休斯顿火箭": [
{"詹姆斯哈登": {"场均得分": "30.4", "场均篮板": "5.4", "场均助攻": "8.75") },
{"克里斯保罗": {"场均得分"." 18.6", "场均篮板": "5.4", "场均助攻.7.88"}}]
}
```

“篮球明星.csv”文件内容如下。

```
球员名字，所在球队，场均得分，场均篮板，场均助攻
斯蒂芬库里，金州勇士，26.4，5.12，6.08
凯文杜兰特，金州勇士，26.4，6.82，5.38
詹姆斯哈登，休斯顿火箭，30.4，5.4，8.75
克里斯保罗，休斯顿火箭，18.6，5.4，7.88
```

分析：

① 先使用 json.load 方法解析 JSON 文件，然后使用函数 type()查看对象是什么。

② 要转换为 CSV 表格形式，需要先确定内容类别列。观察“篮球明星.json”文

件内容，可以看出，该文件的内容分为 5 个类别，分别是球员名字、所在球队、场均得分、场均篮板、场均助攻。

③ 新建列表存储每个类别的数据。

④ 使用循环将列表和字典中的数据取出，并整合成表格形式。

⑤ 使用 with 语句打开文件，将数据写入“篮球明星.csv”文件。

本章小结

（1）认识常见的文件类型和数据分析相关的文件类型，尤其是 CSV 和 JSON 文件格式。

（2）打开文件有 open 方法和 with 语句。with 语句是一个比较好的选择，能够自动关闭文件，回收内存。

（3）只读模式、只写模式、只追加模式均只有一个权限。如果需要既可读又可写，则可以用 r+模式或者 w+模式。

（4）UTF-8 和 GBK 都是对中文友好的编码格式，若打开文件时出现编码格式错误，可以试一下以这两种编码格式打开。

（5）CSV 和 JSON 模块在处理 CSV 和 JSON 文件格式的时候非常方便。

（6）os、glob、shutil 这 3 个模块基本囊括了路径及文件的大多数操作。创建路径可以使用 os.mkdir 方法，查找某种类型文件可以使用 glob 模块，文件的复制、粘贴、移动可以使用 shutil 模块。

本章习题

一、简答题

简述 open 方法的重要参数（至少 3 个）及其作用。

二、编码题

1．现有一个空白文件“邀请函.txt”，请编写一段代码，在该文件中写入内容“诚挚邀请您来参加本次宴会”。代码编写文件和“邀请函.txt”文件处于同级目录下。

2．在第 1 题的基础上，在“邀请函.txt”文件中添加问候语和发件人，此时的文件内容如下。

```
诚挚邀请您来参加本次宴会
此致　敬礼
李雷
```

3．在第 2 题的基础上，将该文件以电子邮件的形式发送给“丁一”“王美丽”“韩梅梅”3 位朋友。邮件正文开头处是收件人的名字。以“丁一”为例，电子邮件内容如下。

```
丁一：
诚挚邀请您来参加本次宴会
此致　敬礼
李雷
```

4．在第 3 题的基础上，假设邀请函现在的路径是“D: /test/邀请函.txt”，请将相应的邀请函邮件放在路径“D: /test/”下以收件人名字命名的文件夹中，例如，“丁一邀请函.txt”文件应该放在路径“D: /test/丁一”下。

第 7 章　面向对象编程

【能力目标】

（1）理解面向对象的编程思想。

（2）掌握创建类的方法。

（3）掌握类的方法的定义与调用。

（4）掌握创建对象和使用对象的方法。

（5）掌握继承的方法。

（6）掌握实现多继承的方法。

【知识目标】

（1）理解并掌握类的定义。

（2）掌握对象的创建。

（3）理解并掌握类的方法的定义。

（4）掌握构造方法的定义与使用。

（5）理解类的继承概念。

（6）掌握方法的重写。

（7）掌握自定义模块。

【素质目标】

（1）通过项目小组活动，培养学生的团队协作、友爱互助精神。

（2）培养学生的开拓创新的思维和能力。

（3）培养学生自主学习、终身学习的意识，使学生具有不断学习和适应变化的能力。

7.1 类的定义及使用

7.1.1 类的定义

面向对象思想是一种程序设计思想。使用这种思想编写的程序在实际开发中都是通过类来实现面向对象编程的。类是一个抽象概念，指具有共同行为和特征的一类事物。例如，学生就是一个类，他们都有学号、姓名、年龄和必修课程，以及共同行为，如吃饭、睡觉、学习等。当进行面向对象编程时，在设计之初就要抽象出类，并根据类创建实例。由此可知，类是用来描述具有相同属性和方法的对象的集合，定义了每个对象的属性和方法。对象是类的实例。

在使用面向对象编程时，要理解面向对象的 3 个特性：封装、继承、多态。这 3 个特性保证了程序的可扩展性。Python 是一门面向对象的程序设计语言，因而可以很轻松地实现面向对象编程。

Python 使用关键字 class 来定义类，其语法格式如下。

【语法】

```
class ClassName():
    定义类的属性和方法 # 类体
```

分析：

ClassName 用于指定类名称，一般以大写字母开头。如果类名称中包括多个单词，则后面单词的首字母也要大写，即采用大驼峰命名法进行命名，这是类名称的命名惯例。类名后的括号（()）表示继承关系，可以不填写，表示默认继承 object。冒号（:）表示换行，在新的一行以代码缩进的方式定义类的属性和方法。在定义类时，如果暂时不需要编写代码，那么可以在类体中直接使用 pass 语句。

示例 1 展示了定义一个员工类 Employee 的方法。

【示例 1】

```
# coding:utf-8
class Employee():
    name = ""
```

```
    job = ""
    salary = 0
    def __init__(self, name, job, salary):
        self.name = name
        self.job = job
        self.salary = salary
    def employeeInfo(self):
        print("姓名: %s, 职务: %s, 工资: %s"% (self.name, self.job, self.
        salary))
```

7.1.2 创建和使用对象

完成类的定义并不会创建实例对象。此时，类的实例还需要进行创建，即实例化该类的对象。类的实例化也称为创建对象，Java 中使用的是 new 方法进行创建。Python 中并没有使用此方法，而是采用以下语法格式创建类的实例。

【语法】

```
对象名 = ClassName(parameterlist)
```

分析：

ClassName 是必选名称，用于指定具体的类名称。parameterlist 是可选参数。当创建一个类时，没有创建__init__()方法，或者当__init__()方法只有一个参数 self 时，parameterlist 允许被省略。在 Python 中，构造方法使用__init__()方法。调用属性和方法均使用运算符“.”，具体格式分别为“对象名.属性名”“对象名.方法名”。

示例 2 展示了实例化对象的案例。

【示例 2】

```
# 实例化对象
employee1=Employee("ss","tt",5000)
# 调用对象中的 employeeInfo()
employee1.employeeInfo()
employee2=Employee("","",0)
employee2.name="李宏"
employee2.job="技术人员"
employee2.salary=3000
employee2.employeeInfo()
```

7.2 类的属性与实例的属性

在类中定义的变量称为类的属性。根据定义位置的不同，类的属性可以分为类属性和实例属性。类实例化后类的属性可以被使用。实际上，类被创建后，其属性就可以通过类名称进行访问。

类属性是指在类的方法之外定义的属性，如公有属性、保护属性和私有属性。类属性可以在类的所有实例之间共享，也就是在所有实例化的对象中公用。Python 中的变量不支持只声明不赋值，因而在定义类的变量时，必须给变量赋初值。

实例属性在类中方法内定义，通常在类的__init__()方法中定义。实例属性只属于类的实例，且有对象名前缀（通常为 self），只能通过对象名进行访问。在其他方法之中或类之外，新的对象属性可以任意被添加。下面通过示例 3 对类属性和对象属性进行演示。

【示例 3】

```
class Person:
    count=0
    def __init__(self,name,gender='男',weight=60):
        self.name = name
        self.gender = gender
        self.weight = weight
        Person.count=Person.count+1
        print("A person named %s is created"%self.name)
p1=Person('曹操','男',70)
p2=Person('张飞','男',80)
p3=Person('关羽','男',75)
p4=Person('刘备')
print("当前人数:",Person.count)
```

类属性的访问权限及访问形式如表 7-1 所示。

表 7-1　类属性的访问权限及访问形式

<table>
<tr><th colspan="2">访问权限</th><th>访问形式</th></tr>
<tr><td rowspan="3">类内部</td><td>方法外部</td><td>属性名称</td></tr>
<tr><td rowspan="2">方法内部</td><td>类名称.属性名称</td></tr>
<tr><td>self.属性名称</td></tr>
</table>

（续表）

访问权限	访问形式
类外部	类名称.属性名称
	类实例名称.属性名称

7.3 公有属性和私有属性

在 Python 中，属性的标识符名称如果以两个下画线（__）开头，则该属性是类的私有属性；如果没有以两个下画线开头，则该属性是类的公有属性。类的公有属性在类内和类外均可被使用，类的私有属性一般只能在类内被使用。若要在类外使用类的私有属性，则需遵循如下语法格式。

【语法】

```
类(对象)名._类名__私有属性名
```

其中，类名前是一个下画线，类名后是两个下画线。

下面通过示例 4 演示在类外使用类的私有属性。

【示例 4】

```
class BaseInfo:
    a = 10                          # 类的公有属性
    __x = 20                        # 类的私有属性
    def __init__(self, value):
        print(BaseInfo.__x)
        self.__value = value        # 公有对象属性
b = BaseInfo(5)
print(b._BaseInfo__x)
```

示例 4 的结果如下。

```
20
20
```

7.4 类的方法

类除了有属性外，还有方法。类的方法和函数的定义很相似，同样使用关键字 def，后面有函数标识符和圆括号。类的方法和函数的不同之处在于类的方法中有一个参数 self，表示当前对象。定义在类内的方法是类方法，定义在类外的方法是函数。

7.4.1　方法的定义

定义类的方法的语法格式如下。

【语法】

```
def functionName(self, parameterlist)
    方法体
```

分析：

functionName 表示方法名称，采用小驼峰命名法，即用小写字母开头。self 为必要参数，表示类的实例。参数 self 非常重要，在对象内只有通过 self 才能调用其他实例变量和方法。parameterlist 用于指定除参数 self 之外的其他参数，各参数之间使用逗号（,）进行分隔。方法体的代码用于实现所需的功能。

示例 5 展示了类的方法的定义。

【示例 5】

```
# 定义类
class People:
    # 定义基本属性
    name = ''
    age = 0
    # 定义类的私有属性，私有属性在类外无法直接被访问
    __weight = 0

    # 定义构造方法
    def __init__(self, n, a, w):
        self.name = n
        self.age = a
        self.__weight = w
    def speak(self):
        print("%s 说: 我 %d 岁,体重%d kg。"% (self.name, self.age, self.__weight))
```

7.4.2 方法的调用

定义好方法后，在类中的方法可以使用“.”进行调用。具体的语法格式如下。

【语法】

```
对象名.方法名([参数])
```

示例 6 调用了示例 5 中定义的类的 speak 方法。

【示例 6】

```
# 实例化类
p = People('李明', 18, 50)
p.speak()
```

示例 6 的输出结果如下。

```
李明 说：我 18 岁，体重 50kg。
```

7.4.3 构造方法

在创建类时，类通常会自动创建一个__init__()方法。当创建一个类的新实例时，如果用户没有重新定义构造方法，则系统自动执行默认的构造方法__init__()，对成员变量进行初始化。这种被系统自动执行的方法被称为构造方法。在创建对象时，项目括号内的参数必须和定义时保持一致。构造方法的语法格式如下。

【语法】

```
class 类名:
    def __init__(self):
        构造方法程序体
```

分析：

① __init__()方法可以有参数，参数通过__init__()传递到类的实例化操作中。

② __init__(self,…)方法必须包含一个参数 self，并且 self 必须是第一个参数。参数 self 是一个指向实例本身的引用，用于访问类中的属性和方法，在调用方法时自动被传递。

③ __init__()方法在只有一个参数时，创建类的实例时需要指定实际参数。系统自动调用__init__()方法，并将类实例本身作为参数向该方法传递。

④ __init__()方法中，除了参数 self 外，还可以自定义其他参数，参数之间使用逗号“,”进行分隔。

示例 5 中定义了一个类 People，在构造方法中对属性姓名、年龄、体重进行初始化。

7.4.4　析构方法

在类中有两个特殊方法：__init__()和__del__()。__init__()方法在创建对象时自动被调用。__del__()方法在销毁实例对象时自动被调用。__del__()方法也被称为析构方法。

实际开发中，在对象销毁时，在析构方法里面可以添加代码对占用的资源进行释放。在进行销毁实例对象时，可以使用关键字 del。

【示例 7】

```
class Employee():
    def __init__(self):
        print("创建实例对象，自动调用__init__(self)")
    def __del__(self):
        print("销毁实例对象，自动调用__del__(self)")
    def checkIn(self):
        print("打卡签到")
employee = Employee()
del employee
```

示例 7 的输出结果如下。

```
创建实例对象，自动调用__init__(self)
销毁实例对象，自动调用__del__(self)
```

在示例 7 中，在__init__(self)方法中添加自定义代码进行输出，在创建实例对象时，自动调用__init__(self)方法。在__del__(self)方法中添加自定义代码进行输出，在销毁实例对象时，自动调用__del__(self)方法。

说明：在此示例中，如果将 del employee 删掉，那么在控制台也会输出“实例对象销毁，自动调用__del__(self)”，其原因是程序在结束后，会自动销毁所有的实例对象，释放资源。

7.5 类的继承与方法重写

示例 5 定义了一个类 People，类中有属性姓名、体重、年龄和 speak 方法。下面定义一个类 Student，该类除了有属性姓名、体重、年龄和 speak 方法外，还有一个 study 方法，见示例 8。

【示例 8】

```
# 定义类
class People:
    # 定义基本属性
    name = ''
    age = 0
    # 定义类的私有属性，私有属性在类外部无法直接被访问
    __weight = 0

    # 定义构造方法
    def __init__(self, n, a, w):
        self.name = n
        self.age = a
        self.__weight = w

    def speak(self):
        print("%s 说：我 %d 岁，体重%d kg。" % (self.name, self.age, self.__weight))

class Student():
    # 定义基本属性
    name = ''
    age = 0
    # 定义类的私有属性，私有属性在类外部无法直接进行访问
    __weight = 0

    # 定义构造方法
    def __init__(self, n, a, w):
        self.name = n
        self.age = a
        self.__weight = w
```

```
    def speak(self):
        print("%s 说: 我 %d 岁, 体重%d kg。" % (self.name, self.age, self.__weight))
    def study(self):
        print("%s 正在努力学习"%(self.name))
# 实例化类
p = People('李明', 18, 50)
p.speak()
p = Student('李红', 19, 50)
p.study()
```

可以看出，示例 8 所示代码中有很多重复的代码，并没有实现代码的复用。如果可以将相同的代码抽取出来作为一个类，提供给其他类使用，那么会减少代码冗余。类的继承可以解决这种问题。

7.5.1 类的继承

继承是面向对象的 3 个特性之一，可以解决代码冗余问题，是实现代码复用的重要手段。继承实现了代码的复用。

继承可以通过扩展或修改一个已有的类来新建类。新类可以继承现有类的公有属性和方法，同时可以定义新的属性和方法。已经存在的类或被继承的类称为基类或父类，新建的类称为子类或派生类。例如，在大自然中，老虎和狮子具有动物的特征和行为，因而可以被看成是动物的子类，它们的父类是动物。

1. 单继承

在继承领域中分为单继承和多继承。单继承的语法格式如下。

【语法】

```
class SubClass( ParentClassName ):
    类体
```

分析：

SubClass 用于指定子类名称。ParentClassName 用于指定要继承的父类名称，可以有多个，在单继承中只有一个。如果不指定父类名称，则 ParentClassName 继承 Python 中的根类 object。类体为实现所需功能的代码，包括属性和/或方法的定义。如果定义类时暂时没有具体代码，那么类体可以直接使用 pass 语句。父类必须与子类定义在一个作用域内。

示例 9 在示例 8 的基础上，使用继承实现代码复用。

【示例 9】

```
class People:
    # 定义基本属性
    name = ''
    age = 0
    # 定义类的私有属性，私有属性在类外部无法直接被访问
    __weight = 0

    # 定义构造方法
    def __init__(self, n, a, w):
        self.name = n
        self.age = a
        self.__weight = w

    def speak(self):
        print("%s 说: 我 %d 岁，体重%d kg。"%(self.name, self.age, self. __weight))
class Student(People):
    def study(self):
        print("%s 正在努力学习"%(self.name))
# 实例化对象
p = People('李明', 18, 50)
p.speak()
p = Student('李红', 19, 50)
p.study()
```

2. 多继承

有时会出现只继承一个父类却无法解决多种应用的情况。例如，一个教师同时兼任专业带头人职务，这种情况无法通过继承一个类来实现。Python 使用多继承来解决这种问题，多继承的语法格式如下。

【语法】

```
class SubClass (BaseClass1, BaseClass2, ··· ):
    类体
```

分析：

① 子类通过继承得到所有父类的公有方法。如果多个父类中有相同的方法名，

那么排在前面的父类方法会“遮蔽”排在后面的父类方法。

② 子类包含与父类同名的方法被称为方法重写或方法覆盖。

③ 如果子类有多个直接的父类，那么排在前面的构造方法会“遮蔽”排在后面的构造方法。

④ 在子类中调用父类方法的格式为父类名.方法名()。

示例 10 在示例 9 的基础上，演示多继承子类的定义方法。

【示例 10】

```
class Man:
    def __init__(self, sex):
        self.sex = sex
    def pp(self):
        print("这是 Man 方法")

class Person:
    def __init__(self, name):
        self.name = name
    def pp(self):
        print("这是 Person 方法")
    def person(self):
        print("这是 person 特有的方法")

class Student(Man, Person):
    def __init__(self, name, sex, age):
        # 要想调用特定父类的构造方法，可以使用父类名.__init__()方法
        Man.__init__(self, sex)
        Person.__init__(self, name)
        self.age = age

# -------创建对象 -------------
stu = Student("王明", "男", 19)
print(stu.name, stu.sex, stu.age)
stu.pp()
# 虽然父类Man和Person都有pp方法,但是这里调用的是第一个父类Man中的pp方法stu.person()
```

7.5.2　方法的继承

子类可以继承父类的实例方法，也可以增加自己的新实例方法。子类对象可以直

接调用父类的实例方法，调用的语法格式如下。

【语法】

```
子类名称.父类方法名称( [参数列表] )
```

在示例 10 中，类 Student 继承了父类 Man 和类 Person。此外，类 Student 还继承了父类 Person 的 person 方法。

7.5.3 方法的重写

父类的成员会被子类继承。如果程序中父类方法的功能不能满足子类的需求，那么子类可以重写父类的同名方法。不仅子类可以覆盖父类中的任何方法，而且子类的方法中也可以调用父类中的同名方法。下面对示例 10 中类 Student 的 person 方法进行重写，具体见示例 11。

【示例 11】

```
class Man:
    def __init__(self, sex):
        self.sex = sex
    def selfFun(self):
        print("这是Man 方法")

class Person:
    def __init__(self, name):
        self.name = name
    def selfFun(self):
        print("这是 Person 方法")
    def person(self):
        print("这是 person 特有的方法")

class Student(Man, Person):
    def __init__(self, name, sex, age):
        # 要想调用特定父类的构造方法，可以使用父类名.__init__()方法
        Man.__init__(self, sex)
        Person.__init__(self, name)
        self.age = age
    def person(self):
        print("这是 Student 特有的方法")
```

```
# ------创建对象 -------------
stu = Student("王明", "男", 19)
print(stu.name, stu.sex, stu.age)
stu.selfFun()
# 虽然父类 Man 和 Person 都有 selfFun 方法，但是调用的是第一个父类 Man 中的方法
stu.person()
```

示例 11 的输出结果如下。

```
王明 男 19
这是Man 方法
这是Student 特有的方法
```

7.6 模块及包

在软件的开发过程中，如果所有代码都放在一个文件中，那么会导致该文件中的代码很多，维护起来比较困难。为了便于维护代码，可以使用函数分组，将代码放到不同文件中。在 Python 中，一个.py 文件就是一个模块（Module)。在编写程序时，代码中经常引用模块，如 Python 内置的模块和第三方模块。别的程序可以引入模块，以使用该模块中的函数。

7.6.1 自定义模块

示例 12 创建了一个 CountMax.py 文件，并定义一个方法，用于比较两个数的大小。该文件就是一个模块。

【示例 12】

```
# coding:utf-8
def caculateNum(a,b):
    if a > b:
        return a
    else:
        return  b
```

7.6.2 Python 包

Python 包是一个有层次的文件目录结构，定义了由 *n* 个模块或 *n* 个子包组成的 Python 应用程序，包含__init__.py 文件和其他模块或子包。从原理上看，包是一个文件夹，可用于包含多个模块源文件。从逻辑上看，包的本质依然是模块。

当一个文件需要使用同一目录中的其他文件时，需要使用关键字 import 来导入相应文件。导入的文件名可以使用 as 进行命名，命名方式是可选的。

1. 创建包

在 PyCharm 集成开发环境中创建包时，选择要创建的项目，并单击鼠标右键。在弹出的快捷菜单中依次选择“New”—“Python Package”，如图 7-1 所示。

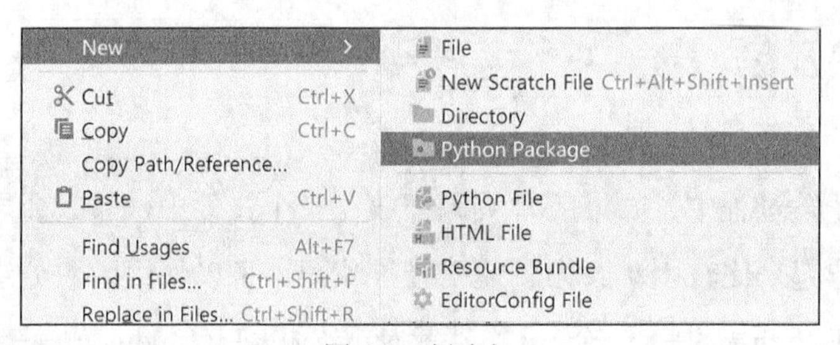

图 7-1 创建包

在弹出界面中输入包名（这里输入的包名是 Hero），如图 7-2 所示。包创建完成后就可以在包中创建模块。

图 7-2 输入包名

接下来，在包 Hero 中创建模块 playInfo.py。在 PyCharm 主窗口中，选择已建好的包 Hero，并单击鼠标右键，在弹出的快捷菜单中依次选择“New”—“Python File”。随后，在打开的对话框“New Python File”中输入 Python 模块名称 playInfo.py，然后双击“Python File”选项，完成 playInfo.py 模块的创建。

2. 使用包

当代码中需要用到同一目录下的其他文件时，可以使用关键字 import 来导入。导入的文件名可以使用 as 取个别名，取别名方式为可选项。

【语法】

```
import 模块名 [as 别名]
模块名.方法名(参数)
```

示例 12 中定义了模块 CountMax。模块 UseContMax 需要使用同目录下的 CountMax.py 文件，这时可以通过 import 来导入，见示例 13。

【示例 13】

```
import CountMax
a = CountMax.caculateNum(12, 11)
print(a)
```

示例 13 的输出结果如下。

```
12
```

如果只需要导入模块中的某个函数，那么可以使用以下语法。具体用法见示例 14。

【语法】

```
from 模块名 import 函数名1[as 别名1], 函数名2[as 别名2],…
```

【示例 14】

```
import CountMax
from CountMax import caculateNum
a = CountMax.caculateNum(12, 11)
print(a)
```

7.7 第三方库简介

Python 具有开源属性，其开源社区中有很多第三方模块。已经集成到 Python 中的模块称为内置模块。未集成到 Python 中的模块称为第三方模块，如 Pandas。

7.7.1 安装第三方库

安装第三方库最直接的方式是在命令行中运行 pip install 第三方库名，例如“pip install pandas”，如图 7-3 所示。

```
Microsoft Windows [版本 10.0.19042.804]
(c) 2020 Microsoft Corporation. 保留所有权利。

C:\Users\Administrator>pip install pandas
```

图 7-3　使用命令行安装第三方库 Pandas

此外，安装第三方库还可以使用 PyCharm 中的 Python 解释器，如图 7-4 所示。

图 7-4　使用 Python 解释器安装第三方库 Pandas

7.7.2　使用第三方库

学生信息如表 7-2 所示。下面演示使用第三方库 Pandas 来存储学生信息，见示例 15。具体操作是先使用字典存储每列信息，再使用 Pandas 的 DataFrame 来存储学生的所有信息，并在控制台输出。

表 7-2　学生信息

姓名	年龄/岁	性别	籍贯
张三	25	男	成都
李四	22	男	郑州
王五	25	女	西安

【示例 15】

```
import  pandas as pd
dict_data = {"姓名":["张三", "李四", "王五"], "年龄":[25, 22, 25],"性别":["男",
"男", "女"], "籍贯":["成都", "郑州", "西安"]}
df = pd.DataFrame(dict_data)
print(df)
```

示例 15 的输出结果如下。

```
       姓名       年龄       性别       城市
0      张三       25         男         成都
1      李四       22         男         郑州
2      王五       25         女         西安
```

7.8 游戏角色管理任务的实现 2

7.8.1 任务说明

本任务中需要使用面向对象思想设计某游戏角色管理功能，需要定义游戏角色类，封装并显示所有角色信息。

游戏角色管理功能具有玩家查询、玩家新增、玩家修改和玩家删除。在主函数中实现用户选择不同的数值进入不同的功能界面，1 代表玩家查询，2 代表玩家新增，3 代表玩家修改，4 代表玩家删除，5 代表退出程序。

（1）程序主菜单功能

程序主菜单显示所有功能，如图 7-5 所示。

```
请输入操作类型【1】玩家查询【2】玩家新增【3】玩家修改【4】玩家删除
【5】退出程序
请输入操作类型：1
```

图 7-5　程序主菜单

（2）用户选择功能

用户在图 7-5 所示界面中输入 1 后，得到所有玩家信息，如图 7-6 所示。随后，用户输入 5 退出程序。

```
请输入玩家操作类型【1】玩家查询【2】玩家新增【3】玩家修改【4】玩家删除
【5】退出程序
请输入玩家操作类型：1
编号：0玩家姓名：关羽 玩家密码12346
编号：1玩家姓名：张飞 玩家密码12346
编号：2玩家姓名：貂蝉 玩家密码12346
请输入玩家操作类型：5
Process finished with exit code 0
```

图 7-6　用户选择功能示例

（3）显示玩家信息功能

用户在图 7-5 所示界面输入 1 后，进入玩家查询界面，如图 7-7 所示。该界面显示所有玩家的详细信息。

```
请输入玩家操作类型：1
编号：0玩家姓名：关羽 玩家密码12346
编号：1玩家姓名：张飞 玩家密码12346
编号：2玩家姓名：貂蝉 玩家密码12346
```

图 7-7　玩家查询界面

（4）添加玩家信息功能

用户在图 7-5 所示界面输入 2 后，进入玩家新增界面，如图 7-8 所示。该界面可以添加玩家信息。

```
请输入玩家操作类型：2
请输入要增加的玩家姓名：妲己
请输入要增加的玩家密码：123456
增加成功
```

图 7-8　玩家新增界面

（5）修改玩家信息功能

用户在图 7-5 所示界面输入 3 后，进入玩家修改界面，如图 7-9 所示。该界面可以修改玩家信息。

```
请输入玩家操作类型：3
请输入要修改的玩家编号 如 1 2 3：3
请输入要修改的玩家姓名：老夫子
请输入要修改的玩家密码:123456
修改成功
```

图 7-9　玩家信息修改界面

（6）删除玩家信息功能

用户在图 7-5 所示界面输入 4 后，进入玩家删除界面。该界面可以删除玩家信息，如图 7-10 所示。

```
请输入玩家操作类型【1】玩家查询【2】玩家新增【3】玩家修改【4】玩家删除
【5】退出程序
请输入玩家操作类型：1
编号：0玩家姓名：关羽 玩家密码12346
编号：1玩家姓名：张飞 玩家密码12346
编号：2玩家姓名：貂蝉 玩家密码12346
请输入玩家操作类型：4
请输入要删除的玩家编号 如 1 2 3：2
删除成功
请输入玩家操作类型：1
编号：0玩家姓名：关羽 玩家密码12346
编号：1玩家姓名：张飞 玩家密码12346
```

图 7-10　玩家删除界面

7.8.2　任务分析及代码实现

游戏角色管理功能可以按以下思路来设计和编写代码。

（1）使用字典 dict_data 存储玩家信息，玩家编号作为 key，玩家对象作为值 value。

（2）定义一个玩家类包含玩家编号、玩家姓名和玩家密码，以及定义显示玩家信息的方法。

（3）主函数中使用循环，可以实现多次增加玩家等功能，直到操作类型为 5，退出整个程序。

（4）增加玩家信息时，在字典中首先获取字典中的最大编号，可以使用 max(dict_data) 获取当前字典的最大编号。新增加的玩家信息中的编号只需要在最大编号上加 1。

（5）当用户选择删除玩家信息时，使用 del 方法将字典中的玩家信息删除。

（6）当选择修改玩家信息时，需要用户输入修改的编号，在字典中进行判断是否存在该编号，如果存在则运行修改代码；如果没有，则提示玩家不存在。

（7）当选择显示玩家信息时，在主函数中实例化对象使用循环字典的方法获取对象，调用对象的显示玩家信息方法。

```
import pandas  as pd
class GamePlayer:
    # 定义玩家类
    id=0
    name=""
```

```
    password = ""
    dict_data = {}
    def __init__(self, id, name, password):
        self.id = id
        self.name = name
        self.password = password
    def  showPlayer(self):
        # for player in dict_data.values():
        print("编号:%d 玩家姓名:%s 玩家密码:%s"%(player.id, player.name,
        player. password))

    if __name__ == '__main__':
    hero_1 = GamePlayer(0, "关羽", "12346")
    hero_2 = GamePlayer(1, "张飞", "12346")
    hero_3 = GamePlayer(2, "貂蝉", "12346")
    dict_data = {hero_1.id:hero_1, hero_2.id:hero_2, hero_3.id:hero_3}
    print("请输入玩家操作类型【1】玩家查询 【2】玩家新增 【3】玩家修改 【4】玩家
    删除  【5】退出程序)
    while True:
        flag = int(input("请输入玩家操作类型: "))
        # 显示玩家信息
        if flag == 1:
            for player in dict_data.values():
                player.showPlayer()
        # 增加玩家信息
        elif flag == 2:
            name = input("请输入要增加的玩家姓名: ")
            password = input("请输入要增加的玩家密码: ")
            maxKey = int(max(dict_data))
            dict_data[maxKey+1] = GamePlayer(maxKey+1, name, password, )
            print("增加成功")
        # 修改玩家信息
        elif flag == 3:
            id = int(input("请输入要修改的玩家编号 如 1 2 3 : "))
            name = input("请输入要修改的玩家姓名: ")
            password = input("请输入要修改的玩家密码: ")
            if dict_data[id] != None:
                dict_data[id] = GamePlayer(id, name, password)
                print("修改成功")
            else:
                print("该玩家不存在")
```

```
        # 删除玩家信息
        elif flag == 4:
            # 根据编号删除
            id = int(input("请输入要删除的玩家编号 如 1 2 3 : "))
            if id in dict_data:
                del dict_data[id]
                print("删除成功")
            else:
                print("玩家不存在")
        # 退出程序
        elif flag == 5:
            break
            exit(0)
```

本章小结

类被用来描述具有相同的属性和方法的对象的集合，定义了集合中每个对象的公有属性和方法。对象是类的实例，表示一个实实在在的个体。

类有构造方法和一般方法，它们都用关键字 def 表示，所不同的是在类中方法必须有参数 self，self 表示当前对象。Python 默认的构造方法为__init__()，一个类中有且只有一个构造方法。构造方法用于对成员变量进行初始化。

可以使用“.”调用类中的方法。

为了减少代码的冗余度，提高代码的可重用性，编写代码时可以使用类的继承。Python 支持单继承和多继承。被继承的类被称为父类，继承的类被称为子类。子类可以重写父类中的方法，也可拥有自己的方法。

在类中可以定义类变量和实例变量，它们都有不同的使用场景和使用方法。

安装第三方库可以使用 pip 指令。一个.py 文件就是一个模块，同一个目录下的文件可以使用 import 导入，也可以使用示例 14 所示语法方式导入模块中的某个函数。

本章习题

完成贪吃蛇小游戏主界面的设计。游戏规则如下。

玩家使用上/下/左/右键控制绿色的蛇在窗口中游走，并通过吃掉（触碰）红色的苹果得分。每吃掉一个苹果，蛇会变得长一些。如果蛇头碰到了窗口边缘，或与自身相撞，则游戏结束。主界面由若干个方格构成，蛇游走的过程实际上是在不同的方格中连续绘制和擦除图形的过程。

贪吃蛇游戏程序可分为以下 3 个部分。

（1）程序初始化。

（2）判断用户输入。

（3）进入游戏主循环。

其中，程序初始化主要完成的工作有：导入所需模块、初始化窗口界面、初始化组件和变量。

游戏主循环可以继续细分为以下 3 个部分。

（1）判断操作并处理。

（2）判断是否吃到“苹果”。

（3）重新开始或退出。

为了使游戏界面美观，请使用 pygame 模块进行设计。

第 8 章　项目实训
——编程实现学生选课系统

当看到这里的时候，恭喜你，Python 重要的基础知识已经学习完毕。面向对象是 Python 基础内容中的一个重要转折点。从面向对象开始，读者要试着用面向对象的思想编写程序，尤其是开发一些功能复杂的系统。我们精心设计了本章的项目实训——编程实现学生选课系统，将前面介绍的内容融入该项目，因此，请读者用心完成本项目实训。

在进行学生选课系统设计和编程时，请你回顾之前各章所学内容，以便让自己在实现系统的过程中更加得心应手。

8.1 功能概述

学生选课系统，顾名思义，必须实现的功能就是选课。

8.2 需求分析

8.2.1 角色设计

首先思考几个问题：学生选课，那么学生信息由谁创建？课程信息由谁创建？学生角色能否创建课程信息？很明显，从实际情况来说，学生只能选择课程而不能创建课程信息。那么，课程信息和学生信息应该由同一个角色创建，因此我们为学生选课系统设计了 3 个角色，具体如下。

（1）可以选择课程的学生。

（2）可供学生选择的课程。

（3）可以创建学生和课程信息的管理员。

8.2.2 功能设计

考虑到读者以初学者为主，所以，学生选课系统选择以下简单的功能进行实现。

（1）登录。管理员和学生都可以登录学生选课系统，并且登录后可以自动匹配相应身份。

（2）选课。学生可以自由地浏览课程信息，并选择课程。

（3）创建信息。无论是学生信息还是课程信息，或是其他的相关信息，这些都由管理员创建。

（4）查看选课情况。学生可以查看自己的选课情况，管理员可以查看所有学生的选课情况。

8.2.3 流程设计

设计了角色和基本的功能后，接下来设计学生选课系统的逻辑流程，即先干什么、后干什么，以及各角色的匹配功能是什么。

学生选课系统的流程设计如下。

（1）首先登录，由用户输入用户名和密码。

（2）然后判断身份。当登录成功时，学生选课系统可以直接判断登录用户的身份是学生还是管理员。

（3）最后根据角色身份，展示相应功能。各角色相应的功能如下。

学生登录之后有以下 4 个功能。

① 查看可选课程。

② 选择课程。

③ 查看选择的课程。

④ 退出。

管理员登录之后不仅要有基本的查看功能，还要有创建信息的功能，具体如下。

① 创建课程。

② 创建学生。

③ 查看可选课程。

④ 查看所有学生。

⑤ 查看所有学生选课情况。

⑥ 退出。

8.2.4　程序设计

对于功能相对复杂的系统，我们优先选择使用面向对象编程。选择面向对象编程之后，就要时刻思考如何设计类和对象的关系，让程序结构更加清晰、明朗。

从前面的分析可知，我们需要实现 3 个角色。这 3 个角色可以用 3 个类来实现。根据角色的不同，我们有针对性地为类设计了属性和方法，具体如下。

（1）课程类。课程类只有一些必要的属性，并没有什么方法，具体如下。

① 属性：课程名称、价格、周期。

② 方法：暂无。

（2）学生类。学生类有以下必要的属性和方法。

① 属性：姓名、所选课程。

② 方法：查看可选课程、选择课程、查看选择的课程、退出。

（3）管理员类。管理员类的属性可以仅有一个姓名，管理员类的其他内容就是方法，具体如下。

① 属性：姓名。

② 方法：创建课程、创建学生、查看可选课程、查看所有学生、查看所有学生选课情况、退出。

这里需要说明的是，课程类的属性缺少一个，即任课老师。但是，经过仔细分析可以发现，任课老师也是一个角色。为了不增加项目实训的难度，这里课程类的属性不添加任课老师，但读者可以把此属性当成一个升级功能进行拓展练习。

8.2.5　系统流程

根据上述分析，我们将学生选课系统的逻辑流程和主要功能进行梳理和汇总，如图 8-1 所示。

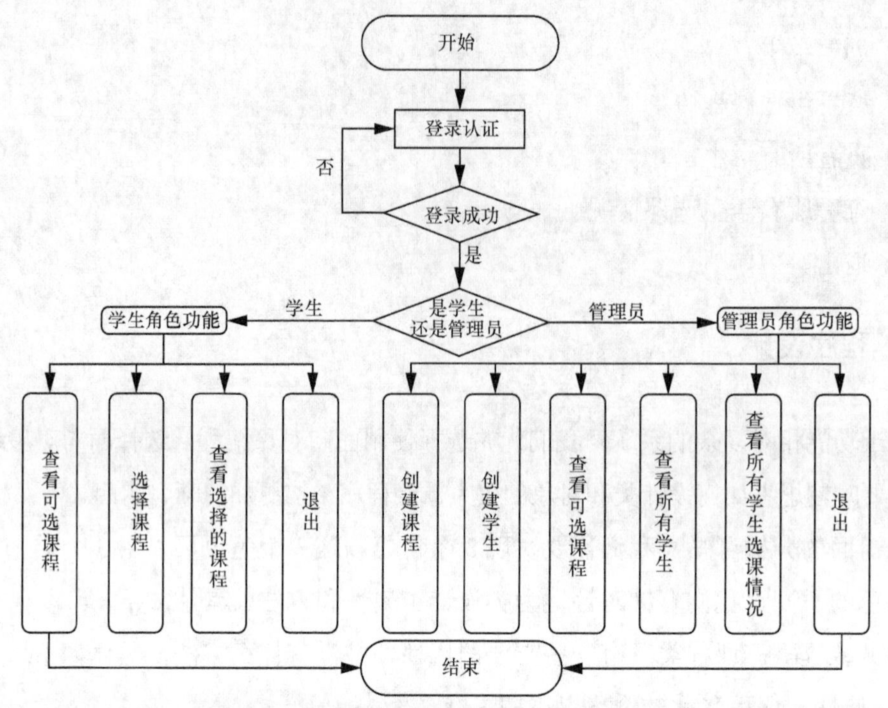

图 8-1　学生选课系统的逻辑流程和主要功能

8.2.6　数据存储

现在，不得不考虑一件重要的事情：我们创建完学生或课程信息之后，这些信息（数据）要存储在哪儿？由于前面的内容不包含数据库的相关理论，因此，我们只能暂时把数据存储到普通文件中。那么该怎么构建这种存储文件呢？对于这个问题，我们在后面会详细解答。

8.3　搭建框架

在开始搭建学生选课系统的框架之前，我们先建立这样一个目录，具体如下。

```
student_elective_sys/
    ├ db/
    |    ├ course_info        # 存放课程信息
    |    ├ student_info       # 存放学生信息
    |    └ userinfo           # 存放用户信息
    └ main.py                 # 主逻辑文件
```

student_elective_sys 目录下有一个 db 目录，该目录存储所有数据文件。我们需要创建 db 目录和 userinfo 文件，其中，userinfo 文件内容后续会进行填充。其他数据文件无须手动创建，由程序在运行中自动创建。与 db 目录同级的 main.py 文件是主逻辑文件。

8.3.1　根据角色信息创建类

按照上述分析，我们首先在 main.py 文件中完成 3 个类的创建，具体代码见示例 1。

【示例 1】

```
class Student:
    def __init__(self, name):
        self.name = name
        self.courses = [ ]
class Manager:
    def __init__(self, name):
        self.name = name
class Course:
    def __init__(self, name, price, period):
        self.name = name
        self.price = price
        self.period = period
```

在示例 1 中，我们根据角色的属性创建了 3 个类。需要说明的是，代码第 4 行的学生角色的课程信息 courses 之所以定义成一个空的列表，是因为考虑到一个学生可能选择多门课程。

8.3.2　完善角色信息

现在各角色已经有属性信息，我们接下来实现方法，具体代码见示例 2。

【示例 2】

```
class Student:
    def __init__(self, name courses):
        self.name = name
        self.courses = []
    def show_courses(self):
```

```
        # 查看可选课程
        pass
    def select_course(self):
        # 选择课程
        pass
    def show_selected_course(self):
        # 查看选择的课程
        pass
    def exit(self):
        # 退出
        pass

class Manager:
    def __init__(self, name):
        self.name = name
    def create_course(self):
        # 创建课程
        pass
    def create_student(self):
        # 创建学生
        pass
    def show_courses(self):
        # 查看可选课程
        pass
    def show_students(self):
        # 查看所有学生
    def show_students_courses(self):
        # 查看所有学生选课情况
        pass
    def exit(self):
        # 退出
        pass

class Course:
    def __init__(self, name, price, period):
        self.name = name
        self.price = price
        self.period = period
```

在示例 2 中，不同方法对应不同角色所要实现的功能。至此，学生选课系统角色的框架搭建完毕。

8.3.3　设计程序的入口

现在，让我们回顾图 8-1，可以发现学生选课系统要从上到下进行执行，就要有程序的入口，实现登录功能，以及登录成功后自动完成身份识别。

在 main.py 文件中添加程序的入口函数。此时我们要思考一个问题：这个入口函数要做什么事情？

当程序开始运行，入口函数先要进行登录认证，认证成功后根据身份让不同的角色执行不同的功能。

要实现用户认证，就要在数据文件中手动输入用户名和密码（这里也可以通过注册函数实现）。db 目录中 userinfo 文件的内容见示例 3。

【示例 3】

```
# db 目录中 userinfo 文件的内容
oldboy|666|Student
alex|3714|Manager
```

如示例 3 所示，以手动输入的方式创建了两个用户 oldboy 和 alex，以及他们各自的密码和身份，这些数据之间以分隔符“|”分隔。需要说明的是，分隔符可以是任意符号，其作用是为了方便取值。

接下来，在 main.py 文件中实现入口函数 main()，具体代码如示例 4 所示。

【示例 4】

```
1. import os
2. BASE_DIR = os.path.dirname(__name__)  '''以当前文件为起点,获取父级目录'''
3. def main():
4.     # 程序入口
5.     usr = input('username:').strip()
6.     pwd = input('password:').strip()
7.     dic = {}
8.     with open(os.path.join(BASE_DIR, 'db', 'userinfo')) as f:
9.         for line in f:
10.            username, password, ident = line.strip().split('|')
11.            if username == usr and password == pwd:
12.                dic.update({'name':usr,'identify':ident,'auth':True})
```

```
13.                 break
14.             else:
15.             dic['auth'] = False
16.     if dic['auth'] == True:
17.         print('login successful')
18.         pass # 确认身份之后就可以做具体的操作了,这些操作稍后实现
19.     else:
20.         print('login error')
21. if __name__ == '__main__':
22.      main()
23. '''
24. username:alex
25. password:3714
26. login successful
27. '''
```

在示例 4 中，第 1～2 行通过使用 os 模块获取当前文件的上一级目录，并赋值给变量 BASE_DIR，其目的是在第 8 行打开 userinfo 文件时，能使用 os.path.join 方法拼接出 userinfo 文件的路径。第 3 行定义的函数 main()首先获取用户输入的用户名和密码（第 5～6 行），然后定义一个字典（第 7 行），用来存储后面“可能”用到的数据，包括用户名、密码和认证状态。在第 8 行打开 userinfo 文件，在第 9 行使用 for 语句读取该文件的内容。在每次 for 循环中，第 10 行获取的是去除换行符后的字符串，如 alex|3714|Manager。我们对该字符串以分隔符“|”进行提取，便得到一个有 3 个元素的列表，并分别赋值给左侧的 3 个变量。第 11 行的 if 语句，判断从 userinfo 文件中获取的用户名和密码是否与用户输入的用户名和密码一致，若一致，则将必要的数据添加到第 7 行定义的字典中，然后退出 for 循环；若不一致，则进入下一次判断。如果 for 语句执行完毕，依然没有使 if 语句中的判断条件成立，那么说明用户名或者密码输入有误，此时，程序执行第 14 行的 else 语句，用户认证失败。

程序继续执行到第 16 行。如果用户认证成功，则说明登录成功，接下来可以根据身份执行具体的操作了；否则，执行第 19 行的 else 语句，表示登录认证失败。程序结束。请注意，为了便于读者理解代码的具体功能，我们在本书中的所有代码的末尾用一对三单引号展示了当前代码的运行结果（本例见第 23～27 行）。后面将不再对相同情况进行一一说明。

上例中的函数 main()虽然完成了基本功能，但我们在介绍函数相关内容时提到，

设计的函数应该尽可能地使功能简洁。很明显，这里的函数 main()既有登录功能，又有根据身份执行不同操作的功能，显然不符合函数设计的思想。接下来，我们试着优化这个函数 main()，具体代码如示例 5 所示。

【示例 5】

```
1. import os
2. BASE_DIR = os.path.dirname(__name__) # 以当前文件为起点，获取父级目录
3. def login():
4.     '''登录逻辑。此处用的是单次登录验证,读者可以根据自己的需求改成登录失败 3 次后才返回
    False'''
5.     usr = input('username:').strip()
6.     pwd = input('password:').strip()
7.     with open(os.path.join(BASE_DIR, 'db', 'userinfo')) as f:
8.         for line in f:
9.             username, password, ident = line.strip().split('|')
10.            if username == usr and password == pwd:
11.                return {'name': usr, 'identify': ident, 'auth': True}
12.        else:
13.            return {'name': usr, 'identify': ident, 'auth': False}
14.def main():
15.    # 程序入口
16.    print('\033[0; 32m欢迎使用学生选课系统\033[0m')
17.    ret = login()
18.    if ret['auth']:
19.        print('\033[0; 32m登录成功,欢迎%s,您的身份是%s\033[0m' % (ret['name'],
        ret['identify']))
20.        pass  # 确认身份之后就可以做具体的操作了,这里稍后实现
21.    else:
22.        print('\033[0; 31m%s 登录失败\033[0m' % ret['name'])
23. if __name__ == '__main__':
24.     main()
25.'''
26.欢迎使用学生选课系统
27.username:alex
28.password:3714
29.登录成功,欢迎 alex,您的身份是 Manager
30.'''
```

在示例 5 中，我们把登录逻辑从函数 main()中提取出来，并用函数 login()来完成。这样函数 login()只有登录逻辑，若登录成功则返回认证成功的状态字典，否则返回认证失败的状态字典。

函数 main()在第 16 行打印一行欢迎语句。需要说明的是，欢迎语“欢迎使用学生选课系统”两边的“\033[0;32m”和“\033[0m”是一种控制台输出着色的小技巧。简要来说，控制台输出着色语句（即控制前景色或字体颜色）以“\033[0;32m”开头，以“\033[0m”结尾，使中间内容显示不同的颜色，达到增加程序的友好性的目的。

函数 main()的第 17 行首先调用函数 login()进行用户认证判断，返回的字典赋值给变量 ret。第 18～22 行通过 ret 中的 auth 键对应的 value 状态判断登录是否成功，以及要做的具体操作。

8.3.4 功能实现

在上一小节中，我们完成了入口函数的功能拆分，并实现了根据函数 login()的认证信息判断是否登录成功。接下来我们实现登录成功后的功能。

函数 login()在用户登录成功后返回一个字典数据，该字典中保存了用户名（name）、认证状态（auth）、身份（identity）。函数 login()根据认证状态来判断用户登录是否成功，若成功登录，则输出用户名和身份。接下来，我们判断身份，并根据身份实现不同角色的功能。

【示例 6】

```
1. import os
2. BASE_DIR = os.path.dirname(__name__) # 以当前文件为起点，获取父级目录
3. class Student:
4.     operate_lst = ['show_courses', 'select_course', 'show_selected_course', 'exit']
5.     def __init__(self, name):
6.         self.name = name
7.         self.courses = []
8.     def show_courses(self):
9.         # 查看可选课程
10.        print('查看可选课程')
11.    def selected_course(self):
12.        # 选择课程
```

```
13.         print('选择课程')
14.     def show_selected_course(self):
15.         # 查看选择的课程
16.         print('查看选择的课程')
17.     def exit(self):
18.         # 退出
19.         print('退出')
20. class Manager:
21.     operate_lst=['create_course', 'create_student', 'show_courses',
                     'show_students', 'show_students_courses', 'exit']
22.     def __init__(self, name):
23.         self.name = name
24.     def create_course(self):
25.         # 创建课程
26.         print('创建课程')
27.     def create_student(self):
28.         # 创建学生
29.         print('创建学生')
30.     def show_courses(self):
31.         # 查看可选课程
32.         print('查看可选课程')
33.     def show_students(self):
34.         # 查看所有学生
35.         print('查看所有学生')
36.     def show_students_courses(self):
37.         # 查看所有学生选课情况
38.         print('查看所有学生选课情况')
39.     def exit(self):
40.         # 退出
41.         print('退出')
42. class Course:
43.     def __init__(self, name, price, period):
44.         self.name = name
45.         self.price = price
46.         self.period = period
47. def login():
48.     '''登录逻辑，此处用的是单次登录验证，读者可以根据自己的需求改成登录失败3次后才返回
      False'''
```

```
49.     usr = input('username:').strip()
50.     pwd = input('password:').strip()
51.     with open(os.path.join(BASE_DIR, 'db', 'userinfo')) as f:
52.         for line in f:
53.             username, password, ident = line.strip().split('|')
54.             if username == usr and password == pwd:
55.                 return {'name': usr, 'identify': ident, 'auth': True}
56.             else:
57.             return {'name': usr, 'identify': ident, 'auth': False}
58.def main():
59.     # 程序入口
60.     print('\033[0; 32m欢迎使用学生选课系统\033[0m')
61.     ret = login()
62.     if ret['auth']:
63.         print('\033[0; 32m登录成功, 欢迎%s, 您的身份是%s\033[0m' % (ret['name'],
             ret['identify']))
64.         if ret['identify'] == 'Manager':
65.             obj = Manager(ret['name'])
66.             for num, opt in enumerate(Manager.operate_lst, 1):
67.                 print(num, opt)
68.             while True:
69.                 inp = int(input('请选择您要做的操作: '))
70.                 if inp == 1:
71.                     obj.create_course()
72.                 elif inp == 2:
73.                     obj.create_student()
74.                 elif inp == 3:
75.                     obj.show_courses()
76.                 elif inp == 4:
77.                     obj.show_students()
78.                 elif inp == 5:
79.                     obj.show_students_courses()
80.                 elif inp == 6:
81.                     obj.exit()
82.         elif ret['identify'] == 'Student':
83.             stu_obj = Student(ret['name'])
84.             for num, opt in enumerate(Student.operate_lst, 1):
85.                 print(num, opt)
```

```
86.             while True:
87.                 inp = int(input('请选择您要做的操作: '))
88.                 if inp == 1:
89.                     stu_obj.show_courses()
90.                 elif inp == 2:
91.                     stu_obj.selected_course()
92.                 elif inp == 3:
93.                     stu_obj.show_selected_course()
94.                 elif inp == 4:
95.                     stu_obj.exit()
96.     else:
97.         print('\033[0; 31m%s 登录失败\033[0m' % ret['name'])
98.if __name__ == '__main__':
99.     main()
```

在示例 6 中，我们在每个类中添加了一个静态属性，也就是建立了一个列表。列表中的元素是这个类实例化的对象所能做的操作，也就是方法名。因为不同的类所能做的操作不同，所以每个角色类中必须实现一个独特的列表。一个具体的操作对应一个必须实现的方法，示例 6 中的方法暂时只是简单地打印一行内容，表明程序可以执行到这里，具体的实现将在后面完成。

在函数 main()的第 61 行，函数 login()登录认证成功后，返回的字典中的 auth 键对应的 value 是从 userinfo 文件取出来的身份。

第 64 行的 if 语句如果判断出用户身份是 Manager，那么对应第 20 行代码的 Manager 类会实例化一个对象。在实例化过程中第 22 行的__init__()方法需要一个参数 name，我们为这个参数传递一个由函数 login()返回的字典的 name 键对应的用户名，并将返回的对象赋值给 obj（第 65 行）。第 66～67 行的 for 语句利用函数 enumerate()展示该对象所能执行的操作。在第 68 行的 while 语句中，当用户看到展示的操作时，只需要输入对应的序号（为了不增加代码的复杂度，这里没有对输入做判断，读者可以将其当成进阶需求进行完善）。如果用户输入的序号是 1，意味着用户要执行创建课程的操作，那么使用对象直接调用对应的方法（第 71 行）。后面的 elif 语句同理，我们不再介绍。

在函数 main()中，如果此时登录的用户身份是学生，那么在登录成功后，学生选课系统判断用户身份是 Student，对应执行第 82 行的 elif 语句。执行逻辑与角色 Manager 一致。

由示例 6 可知，无论登录的用户是什么身份，只要登录成功，用户就能看到自己所能做的操作，并只能做这些操作。接下来，让我们看看示例 6 的演示效果。

```
欢迎使用学生选课系统
username:oldboy
password:666
登录成功,欢迎 oldboy,您的身份是 Student
1.show_courses
2.select_course
3.show_selected_course
4.exit
请选择您要做的操作:1
查看可选课程
请选择您要做的操作:2
选择课程
请选择您要做的操作:3
查看选择的课程
请选择您要做的操作:4
退出
```

8.3.5 优化框架

学生选课系统的框架至此搭建完毕，但该框架还不够健壮和简洁。比如，登录成功后，我们根据用户的身份设计了相同的逻辑，采用了 for 语句和大量的 if 语句。如果要添加新的需求，比如添加一个老师角色，那么是不是使用的还是同样的逻辑？答案是肯定的，只不过在程序中又增加一堆 if 语句。因此，我们的代码存在以下问题，还需要进行优化。

问题 1：代码冗余，可扩展性差

在 userinfo 文件中，只有学生和管理员两个角色，因而对应地在 main.py 文件中定义了两个类来实例化这两个角色。如果出现新的需求，如示例 7 中新增一个老师角色（wusir|888|Teacher），那么该角色在登录成功之前，现有代码无须改变，便足以适应这种功能扩展。但是实现角色可执行的具体操作时，我们就要增加完整的执行逻辑，而这种执行逻辑是重复的，即和实现管理具体操作的执行逻辑一致。

【示例 7】

```
# userinfo 文件
oldboy|666|Student
```

```
alex|3714|Manager
wusir|888|Teacher
# main.py
class Student: pass
class Manager: pass
class Teacher: pass
```

仔细观察示例 7 可以发现，从 userinfo 文件中提取的身份是一个字符串类型的数据，而且与现有的角色类名一致，那么在获取到用户的身份信息后，判断是否存在同名的类名，如果存在则实例化该对象，并执行 for 语句和 while 语句，让用户循环地执行相关操作，否则给予一些提示信息。具体代码见示例 8。

【示例 8】

```
1.import sys
2.import os
3.BASE_DIR = os.path.dirname(__name__)  # 以当前文件为起点，获取父级目录
4.class Student:
5.    operate_lst = ['show_courses', 'select_course', 'show_selected_course',
                     'exit']
6.    def __init__(self, name):
7.        self.name = name
8.        self.courses = []
9.    def show_courses(self):
10.        # 查看可选课程
11.        print('查看可选课程')
12.    def selected_course(self):
13.        # 选择课程
14.        print('选择课程')
15.    def show_selected_course(self):
16.        # 查看选择的课程
17.        print('查看选择的课程')
18.    def exit(self):
19.        # 退出
20.        print('退出')
21.class Manager:
22.    operate_lst = ['create_course', 'create_student', 'show_ courses',
                      'show_students', 'show_students_courses', 'exit']
23.    def __init__(self, name):
```

```
24.         self.name = name
25.     def create_course(self):
26.         # 创建课程
27.         print('创建课程')
28.     def create_student(self):
29.         # 创建学生
30.         print('创建学生')
31.     def show_courses(self):
32.         # 查看可选课程
33.         print('查看可选课程')
34.     def show_students(self):
35.         # 查看所有学生
36.         print('查看所有学生')
37.     def show_students_courses(self):
38.         # 查看所有学生选课情况
39.         print('查看所有学生选课情况')
40.     def exit(self):
41.         # 退出
42.         print('退出')
43.class Course:
44.     def __init__(self, name, price, period):
45.         self.name = name
46.         self.price = price
47.         self.period = period
48.def login():
49.     '''登录逻辑。此处用的是单次登录验证,读者可以根据自己的需求, 改成登录失败 3 次后才返
        回 False'''
50.     usr = input('username:').strip()
51.     pwd = input('password:').strip()
52.     with open(os.path.join(BASE_DIR, 'db', 'userinfo')) as f:
53.         for line in f:
54.             username, password, ident = line.strip().split('|')
55.             if username == usr and password == pwd:
56.                 return {'name': usr, 'identify': ident, 'auth': True}
57.         else:
58.             return {'name': usr, 'identify': ident, 'auth': False}
59.def main():
60.     # 程序入口
```

```
61.    print('\033[0;32m欢迎使用学生选课系统\033[0m')
62.    ret = login()
63.    if ret['auth']:
64.        print('\033[0;32m登录成功,欢迎%s,您的身份是%s\033[0m' %(ret['name'],
               ret['identify']))
65.        if hasattr(sys.modules[__name__], ret['identify']):
66.            cls = getattr(sys.modules[__name__], ret['identify'])
67.            obj = cls(ret['name'])
68.            while True:
69.                for num, opt in enumerate(cls.operate_lst, 1):
70.                    print(num, opt)
71.                inp = int(input('请选择您要做的操作 : '))
72.                if inp in range(1, len(cls.operate_lst) + 1):
73.                    if hasattr(obj, cls.operate_lst[inp - 1]):
74.                        getattr(obj, cls.operate_lst[inp - 1])()
75.                else:
76.                    print('\033[31m您选择的操作不存在\033[0m')
77.    else:
78.        print('\033[0; 31m%s登录失败\033[0m' % ret['name'])
79.if __name__ == '__main__':
80.    main()
```

在示例 8 中，当用户登录成功后，程序执行第 65～76 行。hasattr 判断当前模块中是否存在与身份同名的字符串类名，sys.modules[__name__]表示返回当前的文件的路径（sys 模块已在第 1 行导入）。简单来说，hasattr 就是判断整个程序中是否有与身份匹配的字符串类型的可执行的类（对象），如果有，那么第 66 行的 getattr 获得该对象并赋值给变量 cls。第 67 行的 cls 传递参数 name，相当于实例化该类，将实例化对象返回并赋值给变量 obj。在第 68 行的 while 语句中，首先使用 for 语句和函数 enumerate()循环该对象中的 operate_lst 属性（列表），展示可操作的序号。第 71 行获取用户输入的操作序号，并将序号由字符串类型转换成 int 类型（这里因篇幅限制而不对输入进行判断）。在第 72 行，判断用户输入的数字是否在展示的列表索引范围内，如果不在则提示选择的操作不存在；如果在，那么通过反射，在当前类中查找是否存在与索引对应的方法。如果用户的身份是 Manager，并且输入的是 1，那么意味着用户执行 create_course（创建课程）的操作。

如何让用户输入的序号和列表内的实际索引对应呢？首先通过索引查找

cls.operate_lst 中对应的元素。因为序号的起始位置从 1 开始，而 cls.operate_lst 的最小索引值为 0，为了使用户输入序号最小值等于索引最小值，所以用户输入的序号会减 1，我们在 obj 中实现当前方法。

在当前作用域中查找与身份对应的类名，若反射成功则类名加括号实例化为一个对象，这样便完成了第一次反射。在用户输入序号后，程序通过序号获取出列表中的对应的索引，并在当前对象中查找是否存在与元素同名的方法，若有则执行该方法，这样便完成了第二次反射。

经过两次反射逻辑，我们解决了代码冗余的问题，并且提高了代码的可扩展性。如果增加一个老师角色，只需要在 main.py 文件中实现一个老师类，创建一个可供操作的属性列表，并实现对应的方法。

问题 2：程序的用户体验不好

在前面的示例中，为了实现反射，类的属性列表中都是对应的方法名称，这导致在 for 语句的展示中不仅暴露了代码，而且使程序的用户体验不好。学生选课系统展示的内容应该以中文为主，而不是带下划线的英文（学生选课系统默认的用户为国内用户）。实际上，用户并不在乎程序的具体实现，而在乎的是展示的内容是否符合使用习惯，以及操作是否简单。接下来，我们修改示例 8 中的一些代码，以解决上述问题，见示例 9。

【示例 9】

```
1. import sys
2. import os
3. BASE_DIR = os.path.dirname(__name__)   # 以当前文件为起点，获取父级目录
4. class Student:
5.     operate_lst = [('查看可选课程', 'show_courses'), ('选择课程','select_course'),
       ('查看选择的课程', 'show_selected_course'),('退出', 'exit')]
6.     def __init__(self, name):
7.         self.name = name
8.         self.courses = []
9.     def show_courses(self):
10.        # 查看可选课程
11.        print('查看可选课程')
12.    def selected_course(self):
13.        # 选择课程
14.        print('选择课程')
15.    def show_selected_course(self):
```

```
16.         # 查看选择的课程
17.         print('查看选择的课程')
18.     def exit(self):
19.         # 退出
20.         print('退出')

21.class Manager:
      operate_lst=[('创建课程','create_course'),('创建学生','create_ student'),
                   ('查看可选课程', 'show_courses'), ('查看所有学生', 'show_
                   students'),('查看所有学生选课情况','show_students_courses'),
                   ('退出', 'exit')]
22.     def __init__(self, name):
23.         self.name = name
24.     def create_course(self):
25.         # 创建课程
26.         print('创建课程')
27.     def create_student(self):
28.         # 创建学生
29.         print('创建学生')
30.     def show_courses(self):
31.         # 查看可选课程
32.         print('查看可选课程')
33.     def show_students(self):
34.         # 查看所有学生
35.         print('查看所有学生')
36.     def show_students_courses(self):
37.         # 查看所有学生选课情况
38.         print('查看所有学生选课情况')
39.     def exit(self):
40.         # 退出
41.         print('退出')

42.class Course:
43.     def __init__(self, name, price, period):
44.         self.name = name
45.         self.price = price
46.         self.period = period

47.def login():
48.     '''登录逻辑。此处用的是单次登录验证,读者可以根据自己的需求,改成登录失败 3 次后才返回
```

```
        False'''
49.     usr = input('username:').strip()
50.     pwd = input('password:').strip()
51.     with open(os.path.join(BASE_DIR, 'db', 'userinfo')) as f:
52.         for line in f:
53.             username, password, ident = line.strip().split('|')
54.             if username == usr and password == pwd:
55.                 return {'name': usr, 'identify': ident, 'auth': True}

56.             else:
57.             return {'name': usr, 'identify': ident, 'auth': False}

58.def main():
59.     # 程序入口

60.     print('\033[0; 32m欢迎使用学生选课系统\033[0m')
61.     ret = login()
62.     if ret['auth']:
63.         print('\033[0;32m登录成功,欢迎%s,您的身份是%s\033[0m' %(ret['name'],
                ret['identify']))
64.         if hasattr(sys.modules[__name__], ret['identify']):
65.             cls = getattr(sys.modules[__name__], ret['identify'])
66.             obj = cls(ret['name'])
67.             while True:
68.                 for num, opt in enumerate(cls.operate_lst, 1):
69.                     print(num, opt[0])
70.                 inp = int(input('请选择您要做的操作 : '))
71.                 if inp in range(1, len(cls.operate_lst) + 1):
72.                     if hasattr(obj, cls.operate_lst[inp - 1][1]):
73.                         getattr(obj, cls.operate_lst[inp - 1][1])()
74.                 else:
75.                     print('\033[31m您选择的操作不存在\033[0m')
76.     else:
77.         print('\033[0; 31m%s登录失败\033[0m' % ret['name'])

78.if __name__ == '__main__':
79.     main()
```

在示例中，每个类的属性列表中的具体方法都有一个“昵称”，也就是要显示的中文，和具体的方法封装成一个元组。这样在第 68 行的 for 语句中展示中文，也就是元组索引 0 对应的元素；而在反射时，获取元组索引 1 对应的元素（第 70～71 行）。接下来，我们运行程序，查看展示效果。

```
欢迎使用学生选课系统
username:alex
password:3714
登录成功,欢迎 alex,您的身份是 Manager
1 创建课程
2 创建学生
3 查看可选课程
4 查看所有学生
5 查看所有学生选课情况
6 退出
请选择您要做的操作 : 4
查看所有学生
1 创建课程
2 创建学生
3 查看可选课程
4 查看所有学生
5 查看所有学生选课情况
6 退出
请选择您要做的操作 : 6
退出
```

我们通过巧妙地利用元组，使学生选课系统的显示更加友好，且毫不影响程序的执行。其结果如演示效果一样，达到了我们的预期。这时的程序更显灵活、更加简洁，而且其扩展性得到了提高。

8.4 具体实现

在本节中，我们将为所搭建的框架填充具体的逻辑代码。接下来，所有的代码示例默认已经使用对应的角色登录，并选择了对应的操作。

8.4.1 管理员之创建课程

学生选课系统具体的功能实现应该从哪个角色开始呢？答案是管理员。因为只有管理员有创建权限，所以应该用管理员角色先把课程和学生这两个对象创建出来，方便实现后面的功能。

既然是创建课程，那么就要思考：创建课程需要哪些信息？比如，为用户 oldboy 创建一门 Python 课程，那么该课程应该包括课程名称、课程价格、课程周期这 3 个必要的属性。我们在前面的示例中创建的课程类可以被用于此，见示例 10。

【示例 10】

```
1. # Manager类中的create_course方法
2. class Manager:
3.     def create_course(self):
4.         # 创建课程
5.         course_name = input('课程名:')
6.         course_price = int(input('课程价格:'))
7.         course_period = input('课程周期:')
8.         course_obj = Course(course_name, course_price, course_period)
```

在示例 10 中，我们完善了 Manger 类的 create_course 方法，首先在第 5～7 行获取管理员输入的课程信息；然后在第 8 行实例化 Course 类，并传递参数，获取课程对象。

虽然成功创建了课程对象，那么该课程对象要如何保存呢？如果保存到计算机的内存中，那么等程序结束后保存的信息就没了。为了在程序结束后保存的信息不受影响，课程对象应该保存到文件中，这时我们可以使用 pickle 模块，见示例 11。

【示例 11】

```
# Manager类中的create_course方法
1. import pickle
2. class Manager:
3.     def create_course(self):
4.         # 创建课程
5.         course_name = input('课程名:')
6.         course_price = int(input('课程价格:'))
```

```
7.          course_period = input('课程周期:')
8.          course_obj = Course(course_name, course_price, course_ period)
9.          with open(os.path.join(BASE_DIR,'db','course_info'), 'ab')as f:
10.             pickle.dump(course_obj, f)
11.         print('\033[0; 32m课程创建成功:%s %s %s \033[0m' % (course_obj.name,
                course_obj.price, course_obj.period))
```

如示例 11 所示，第 9 行采用已追加的方式打开一个文件（已追加的方式会检测文件是否存在，若存在则追加，否则创建文件），并将文件句柄赋值给变量 f。需要注意的是，方法 open 必须是 ab 模式，这是因为 pickle 模块将对象序列化为字节流。第 10 行通过 pickle 模块将实例化的课程对象序列化到文件中。下面我们对示例 10 进行运行，查看演示效果。

```
欢迎使用学生选课系统
username:alex
password:3714
登录成功,欢迎 alex,您的身份是 Manager
1 创建课程
2 创建学生
3 查看可选课程
4 查看所有学生
5 查看所有学生选课情况
6 退出
请选择您要做的操作 : 1
课程名 :python
课程价格 :15000
课程周期:6
课程创建成功:python 15000 6
```

可以看出，课程对象已经成功地序列化到文件中。

8.4.2　管理员之查看课程

创建完课程信息后，我们可以着手实现查看课程的功能了，见示例 12。

【示例 12】

```
# Manager 类中的 show_courses 方法
1. import pickle
2. class Manager:
```

```
3.      def show_courses(self):
4.          # 查看可选课程
5.          print('可选课程如下:')
6.          with open(os.path.join(BASE_DIR, 'db', 'course_info'), 'rb') as f:
7.              num = 0
8.              while True:
9.                  try:
10.                     num += 1
11.                     course_obj = pickle.load(f)
12.                     print('\t', num, course_obj.name, course_obj. price,
                              course_obj.period)
13.                 except EOFError:
14.                     break
15.         print('')
```

在示例 12 中，Manager 类的 show_courses 方法首先在第 5 行打印提示信息；然后在第 6 行以二进制的方式读取 course_info 文件；最后在第 7 行定义一个变量 num，用来搭配第 11 行展示的课程序号。第 9 行的 while 语句中使用 try 语句捕获异常，通过 pickle 模块对课程对象进行 pickle.load()反序列化操作。第 13 行的 except 语句作为结束 while 语句的条件。那么为什么要加 try 语句。这是因为 while True 的条件永为真，会一直执行循环语句。当文件中的课程对象已经全部被取出，也就是文件成了空文件，此时如果 while 语句没有终止，那么系统会报错误 EOFError。该错误被 except 语句获取，并执行 except 内部的 break 语句，终止 while 语句。

接下来，我们运行示例 12，展示所有的可选课程，具体如下。

```
欢迎使用学生选课系统
username:alex
password:3714
登录成功,欢迎 alex,您的身份是 Manager
1 创建课程
2 创建学生
3 查看可选课程
4 查看所有学生
5 查看所有学生选课情况
6 退出
请选择您要做的操作 : 3
可选课程如下:
```

```
1 python 15000 6
2 java 14000 6
3 python 15000 6
```

可以看出，创建的 Python 课程已经成功被展示出来。

8.4.3　管理员之创建学生

管理员创建学生的逻辑与创建课程的逻辑一致，即首先获取学生的姓名、密码，然后通过学生类（Student）实例化一个学生对象，通过 pickle 模块将对象保存到文件中，见示例 13。

【示例 13】

```
# Manager类中的create_student方法
1. import pickle
2. class Manager:
3.     def create_student(self):
4.         # 创建学生
5.         stu_name = input('学生姓名 : ')
6.         stu_pwd = input('学生密码 : ')
7.         stu_obj = Student(stu_name)
8.         with open(os.path.join(BASE_DIR,'db','student_info'), 'ab') as f:
9.            pickle.dump(stu_obj, f)
10.        print('\033[0; 32m学员账号创建成功:%s 初始密码 :%s\033[0m' %
             (stu_obj.name, stu_pwd))
```

示例 13 首先获取学生的姓名和密码（第 5～6 行）；然后通过 Student 类实例化一个学生对象（第 7 行），通过 pickle.dump 将该对象保存到文件中（第 9～10 行）；最后打印必要的提示信息（第 11 行）。接下来，我们运行示例 13，展示结果如下。

```
欢迎使用学生选课系统
username:alex
password:3714
登录成功,欢迎alex,您的身份是Manager
1 创建课程
2 创建学生
3 查看可选课程
4 查看所有学生
5 查看所有学生选课情况
```

```
6 退出
请选择您要做的操作 : 2
学生姓名 : egon
学生密码 : 123
学员账号创建成功:egon 初始密码 :123
```

可以看出，已成功创建学生信息。下面，让我们用新学生的账号进行登录学生选课系统。登录结果如下。

```
欢迎使用学生选课系统
username : egon
password : 123
egon 登录失败
```

系统提示登录失败。在创建学生信息的时候，我们将学生对象保存到了 student_info 文件中。而在进行身份校验的时候，使用的是 userinfo 文件。可以看出，创建的学生信息并没有被更新到 userinfo 文件中，因此在创建学生信息的时候，还需要将用户名和密码保存到 userinfo 中。我们对示例 13 进行完善，具体见示例 14。

【示例 14】

```
# Manager 类中的 create_student 方法
1. import pickle
2. class Manager:
3.     def create_student(self):
4.         # 创建学生
5.         stu_name = input('学生姓名 : ')
6.         stu_pwd = input('学生密码 : ')
7.         with open(os.path.join(BASE_DIR,'db','userinfo'),'a')as f:
8.             f.write('%s|%s|%s\n' % (stu_name, stu_pwd, 'Student'))
9.         stu_obj = Student(stu_name)
10.        with open(os.path.join(BASE_DIR,'db','student_info'),'ab') as f:
11.            pickle.dump(stu_obj, f)
12.        print('\033[0; 32m 学员账号创建成功:%s 初始密码:%s\033 [0m' %
               (stu_obj.name, stu_pwd))
```

在示例 14 中，我们获取到学生的信息后，按照 userinfo 文件的格式，将学生信息保存到 userinfo 文件中（第 7～8 行）。在第 8 行，我们又手动地拼接了身份信息。身份信息为什么要手动添加，而不是通过输入来获取？这是因为管理员在登录并执行创建学生信息时，其目的已经很明确，那就是创建学生信息，因此，身份信息可以在写入文件的时候进行手动拼接。

那么有的读者可能会问为什么不将学生信息都保存到一个文件中？这里考虑到本书的读者都是初学者，因而在开始登录认证的时候，操作的对象都是普通文件，执行的读取与处理操作都比较简单。而 pickle 模块对文件的操作相对复杂。为了便于大家设计和编程，我们使用多种方式来操作文件。这也是对前面内容的回顾。

下面我们使用新的学生账号进行登录。登录结果如下。

```
欢迎使用学生选课系统
username:egon
password:123
登录成功,欢迎 egon,您的身份是 Student
```

可以看出，这次登录成功。

8.4.4　管理员之查看学生信息

当创建学生信息后，我们就可以查看学生的信息了。查看学生信息的思路也很简单，创建学生信息是写文件，查看学生信息则是读文件。查看学生信息见示例 15。

【示例 15】

```
# Manager 类中的 show_students 方法
1. import pickle
2. class Manager:
3.          def show_students(self):
4.          # 查看所有学生
5.          print('学生如下 : ')
6.          with open(os.path.join(BASE_DIR, 'db', 'student_info'), 'rb') as f:
7.              num = 0
8.              while True:
9.                  try:
10.                     num += 1
11.                     stu_obj = pickle.load(f)
12.                     print(num, stu_obj.name)
13.                 except EOFError:
14.                     break
15.             print('')
```

在示例 15 的 show_students 方法中，第 5 行打印必要的提示信息，第 6 行以读的方式打开文件，第 8～15 行循环读取学生信息并展示。需要补充的是，在第 11 行使用 pickle.load 将学生信息反序列化回来后，stu_obj 是一个完整的对象，可以直接调用该对象的方法或属性（第 12 行）。示例 15 的运行结果如下。

```
欢迎使用学生选课系统
username:alex
password:3714
登录成功,欢迎 alex,您的身份是 Manager
1 创建课程
2 创建学生
3 查看可选课程
4 查看所有学生
5 查看所有学生选课情况
6 退出
请选择您要做的操作 : 4
学生如下 :
1 oldboy
2 egon
```

可以看出，已创建的两个学生的信息被展示了。

在创建完学生信息后，如果不小心把 Student 类删掉或者注释了，那么运行示例 15 时，系统会报错，具体如下。

```
AttributeError: Can't get attribute 'Student' on <module '__main__' from
'F:/student_elective_sys/main.py'>
```

通过上述错误可知，pickle 被用来反序列化学生对象的时候，依赖实例化该对象的类。也就是说，当前名称空间内中必须存在 Student 类，反序列化才能成功，否则会报错。

8.4.5 管理员之退出程序

下面实现学生选课系统中最简单的一个功能——退出功能，见示例 16。

【示例 16】

```
# Manager 类中的 exit 方法
class Manager:
    def exit(self):
```

```
        # 退出
        sys.exit('再见')
```

退出的主逻辑代码就一行，或者说只调用了 sys.exit()方法。那么 sys.exit()方法内部做了什么呢？简单来说，当 sys.exit()方法被执行时，会引发一个 SystemExit 异常并使解释器退出。在退出之前可以执行一些示例 16 所示的提示，或者执行一些代码清理程序，见示例 17。

【示例 17】

```
import sys
def clear():
    print('我是清理程序,我被 sys.exit 触发执行啦! ')
sys.exit(clear())  # 我是清理程序,我被 sys.exit 触发执行啦!
```

如示例 17 所示，我们在需要使解释器结束执行时，就要调用 sys.exit()方法，同时还可以在退出之前做一些收尾工作，比如调用函数 clear()。

8.4.6　学生之读取信息

分析示例 18 所示代码，思考代码中登录后返回的 ret 对象和进行实例化操作后的对象 obj 是否属于同一个对象。

【示例 18】

```
# main.py 中的 main 函数
def main():
1.     # 程序入口
2.     print('\033[0; 32m 欢迎使用学生选课系统\033[0m')
3.     ret = login()
4.     if ret['auth']:
5.         print('\033[0; 32m 登录成功,欢迎%s,您的身份是%s\033[0m' % (ret['name'],
               ret['identify']))
6.         if hasattr(sys.modules[__name__], ret['identify']):
7.             cls = getattr(sys.modules[__name__], ret['identify'])
8.             obj = cls(ret['name'])
```

通过分析可以发现，登录成功后返回的对象 ret 正是登录对象，而实例化的对象 obj 是一个新的对象，这两个对象并不是同一个对象，因此就出现进行选课的用户信息和登录的用户信息不一致的情况。例如，学生 oldboy 登录后，程序在执行过程中又会生成了一个新的对象 oldboy。如果该学生已选择课程或者已执行其他的操作，那么新的对象 oldboy 都无法使用这些已有结果。虽然名称都是 oldboy，但这两个对象是两个不同的对象实体。

接下来我们解决程序中的这个问题。当执行到第 7 行，getattr 获取到类名之后，程序不再进行实例化操作，而是通过类名调用获取对象信息的方法。通过这个方法读取文件来查看文件中是否存在该对象，如果存在则把该对象返回。在接下来的运行中，程序将直接使用文件中存储的对象。具体见示例 19。

【示例 19】

```
# Student 类中的 get_obj 类方法
import pickle
class Student:
    @classmethod
    def get_obj(cls, name):
        with open(os.path.join(BASE_DIR,'db','student_info'),'rb')as f:
            while True:
                try:
                    stu_obj = pickle.load(f)
                    if stu_obj.name == name:
                        return stu_obj
                except EOFError:
                    break
# Manager 类中的 get_obj 类方法
class Manager:
    @classmethod
    def get_obj(cls, name):
        return Manager(name)
# main 函数
def main():
    # 程序入口
    print('\033[0; 32m 欢迎使用学生选课系统\033[0m')
    ret = login()
    if ret['auth']:
        print('\033[0; 32m 登录成功,欢迎%s,您的身份是%s\033[0m' % (ret['name'],
                ret['identify']))
        if hasattr(sys.modules[__name__], ret['identify']):
```

```
            cls = getattr(sys.modules[__name__], ret['identify'])
            obj = cls.get_obj(ret['name']) # 调用类方法返回文件中已存在的对象
            while True:
                for num, opt in enumerate(cls.operate_lst, 1):
                    print(num, opt[0])
                inp = int(input('请选择您要做的操作 : '))
                if inp in range(1, len(cls.operate_lst) + 1):
                    if hasattr(obj, cls.operate_lst[inp - 1][1]):
                        getattr(obj, cls.operate_lst[inp - 1][1])()
                else:
                    print('\033[31m您选择的操作不存在\033[0m')
    else:
        print('\033[0; 31m%s登录失败\033[0m' % ret['name'])
```

在示例中，我们在 Student 类和 Manager 类中各增加一个方法 get_obj，该方法读取文件，并将与登录用户名一致的对象返回。方法一般由对象来调用，而此时获取到的是类名。一般地，类名无法直接调用方法，这是因为当类名调用方法时，参数 self 需要手动传递。因此，我们用一个 classmethod 装饰器将普通的方法装饰成类方法。类方法会自动传递参数 cls，这时，我们便可以直接通过类调用 get_obj 方法了。

示例 19 有一个很有意思的地方，那就是 Student 类和 Manager 类的类方法具体实现不一样。Student 类的类方法实现方式是打开文件、pickle.load 反序列化、if 语句判断用户名和文件中存的对象名是否一致、若一致则返回该对象，而 Manager 类的类方法实现方式是直接实例化一个对象便返回了，这是为什么呢？在实际开发中，管理员角色可能只有一个。有的系统甚至直接在后台创建一个管理员的账号，利用管理员的高权限来使用相关功能。我们设计的学生选课系统也是如此，预先在 userinfo 文件中存储一个用户和密码，该用户的身份是管理员。之后，我们利用管理员的身份创建和查看一些信息，因此并没有像学生角色一样，创建并保存管理员对象。学生角色存在的身份认证问题在管理员角色这里不算问题，管理员只要能登录并且能实现具体的功能就行，学生选课系统并不在乎用户是否是管理员身份。而学生角色不一样，学生对象可以有很多，并且可执行的操作也不一样，因而必须保证登录的用户是真实存在于 student_info 文件的对象。

至此，管理员角色还有查看所有学生选课信息功能没有实现。但由于学生角色的功能还没有实现，这个功能也就无从谈起了。让我们先来实现学生角色的功能吧。

8.4.7 学生之查看可选课程

课程信息已经由管理员创建好了，我们现在只需要拿过来使用就可以了。获取课程信息需要读取 course_info 文件，见示例 20。

【示例 20】

```
# Student 类中的 show_courses 方法
1. import pickle
2. class Student:
3.     def show_courses(self):
4.         # 查看可选课程
5.         print('课程信息如下：')
6.         with open(os.path.join(BASE_DIR,'db','course_info'),'rb') as f:
7.             num = 0
8.             while True:
9.                 try:
10.                    num += 1
11.                    course_obj = pickle.load(f)
12.                    print('\t', num, course_obj.name, course_obj.price,
                             course_obj.period)
13.                except EOFError:
14.                    break
15.        print('')
```

如示例 20 所示，第 5 行打印必要的提示信息，以提高用户体验。第 6 行读取 course_info 文件。第 8～14 行就是在 while 语句中使用 pickle 模块反序列化对象，并展示结果，其中，except 语句捕捉异常并终止循环。第 15 行打印一个空字符串（暂且先这么实现）的作用是为了在交互中对循环展示的结果和操作列表之间做隔离，以提高用户体验。示例 20 的运行结果如下。

```
欢迎使用学生选课系统
username:oldboy
password:666
登录成功,欢迎 oldboy,您的身份是 Student
1 查看可选课程
2 选择课程
3 查看所选课程
```

```
4 退出
请选择您要做的操作 : 1
课程信息如下 :
1 python 15000 6
2 java 14000 6
3 python 15000 6
```

8.4.8　学生之选择课程

选择课程可以说是学生选课系统中最难的一个功能了，具体体现在以下方面。

难点 1：选课前要不要展示可以选择的课程。

难点 2：如何选择课程。

难点 3：如何保存已选择的课程。

接下来我们一一解决这些难点。

对于难点 1，我们已经能够查看课程信息了，这里调用展示课程的方法即可。

对于难点 2，我们可以使用函数 input 选择课程，将对应的课程对象取出来，添加到对象的课程属性列表中。当选择好课程后，我们可以将新的学生对象更新到 student_info 文件中，示例 21。

【示例 21】

```
# Student 类中的 show_courses 方法
1. import pickle
2. class Student:
3.   def show_courses(self):
4.         # 查看可选课程
5.         print('课程信息如下 : ')
6.         course_obj_lst = []
7.         with open(os.path.join(BASE_DIR, 'db', 'course_info'), 'rb') as f:
8.             num = 0
9.             while True:
10.                try:
11.                    num += 1
12.                    course_obj = pickle.load(f)
13.                    course_obj_lst.append(course_obj)
14.                    print('\t', num, course_obj.name, course_obj.price,
                               course_obj.period)
```

```
15.                 except EOFError:
16.                     break
17.         print('')
18.         return course_obj_lst
19.     def select_course(self):
         # 选择课程
20.         print('选择课程')
21.         course_obj_lst = self.show_courses()
22.         course_num = input('输入选择课程的序号: ').strip()
23.         if course_num.isdigit():
24.             course_num = int(course_num)
25.             if course_num in range(len(course_obj_lst) + 1):
26.                 choose_num = course_obj_lst.pop(course_num - 1)
27.                 self.courses.append(choose_num)
28.             print('%s 课程选择成功' % choose_num.name)
29.         with open(os.path.join(BASE_DIR,'db','student_info'),'rb')as f:
30.             open(os.path.join(BASE_DIR,'db','student_ info_ new'),'wb')
                    as f2:
31.             while True:
32.                 try:
33.                     stu_obj = pickle.load(f)
34.                     if stu_obj.name == self.name:
35.                         pickle.dump(self, f2)
36.                     else:
37.                         pickle.dump(stu_obj, f2)
38.                 except EOFError:
39.                     break
40.         os.remove(os.path.join(BASE_DIR, 'db', 'student_info'))
41.         os.rename(os.path.join(BASE_DIR,'db','student_info_new'),
                    os.path.join(BASE_DIR, 'db', 'student_info'))
```

在示例 21 中，我们首先修改了 show_courses 方法，定义了多个列表。在 while 语句每一次循环展示的时候，我们将课程对象追加到列表中，并将列表返回。这样，难点 1 得到了解决。

接下来解决难点 2。在 select_course 方法中，第 20 行打印提示信息。第 21 行调用 show_courses 方法，展示课程信息，将所有的课程对象列表返回，并赋值给变量 course_obj_lst。第 22 行获取用户选择的课程序号。第 23 行增加一个简单判断之后，程序执行第 24 行，将输入的序号转换为 int 类型。第 25 行判断用户输入的序号是否在课程序号的范围内。首先使用方法 len（course_obj_lst）获取课程列表的长度，然后使用函数 range 创建一个等差数列，作为课程列表的索引值。此时，函数 range 创建的等差数列范围是 0~5，而用户输入的序号范围是 1~6，因此在函数 range 中，课程列表的长度需要加 1，才能跟用户输入的序号匹配。如果用户输入的序号在函数 range 创建的范围中，则表示选择课程成功，并在第 26 行使用函数 pop 获取用户选定的课程（这里的减 1 和上面的加 1 都是为了解决序号与索引位置不匹配的问题），并添加到学生对象的 courses 属性列表中。第 28 行打印选课成功的提示。

最后解决难点 3。当对象的课程属性被更新之后，该对象需要被重新更新到原来的文件中。而一个文件不支持同时读写，因此，第 29～30 行以读的方式打开 student_info 文件，以写的方式打开一个临时文件 student_info_new。while 语句的循环思路不变，使用 try/except 语句控制循环的结束。在第 34 行的 if 语句中，当每次循环反序列化回来一个对象，通过对象的属性 name 和当前对象的属性 name 进行判断，如果值为 True，则说明当前文件中反序列化回来的对象是需要更新的对象，并把当前的对象（self 保存当前对象的所有信息）保存到临时文件中（原来的对象直接舍弃）。如果值为 False，则执行第 36 行的 else 语句，说明本次循环从文件中取回来的对象不是当前对象，并直接保存到临时文件中。循环结束意味着对象更新成功。程序继续执行到第 40 行。此时的 student_info 文件中保存的是原有对象信息的旧的文件，因而被删掉，并在第 41 行把临时文件的名字改成 student_info。

现在，让我们运行示例 21，看看效果如何。

```
欢迎使用学生选课系统
username:oldboy
password:666
登录成功,欢迎 oldboy,您的身份是 Student
1 查看可选课程
2 选择课程
3 查看所选课程
4 退出
请选择您要做的操作 : 2
选择课程
```

```
课程信息如下 :
1 python 15000 6
2 java 14000 6
3 python 15000 6

输入选择课程的序号: 1
python 课程选择成功
```

演示效果表明选课成功。但是，这里还有问题，比如学生 oldboy 能够重复选择和添加相同的课程。由于前面并没有介绍数据库的相关内容，为了不增加学习难度，我们要求读者大致地把逻辑实现就好。

8.4.9 学生之查看可选课程

学生在选完课程之后，可以通过 show_selected_course 查看自己选择的课程。这里有两种实现思路，并且这些思路相当简单。

第一种思路是读取 student_info 文件，循环展示学生对象课程属性列表内的课程信息。在示例 21 中，第 7 行以读的方式打开文件。在第 9 行的 while 语句中，每次反序列化得到的对象的 name 属性等于当前对象的 name 属性，则说明该对象是我们想要的那个对象。然后，我们通过 for 语句循环该对象的课程属性的列表，展示每个课程信息。

示例 21 主要展示学生对象的课程属性列表，那么我们思考一个问题：当前的对象是不是从 student_info 文件中匹配并返回的？如果是，我们可以直接从这个对象中循环课程属性列表，而不用再次读取 student_info 文件。这便是第二种思路，具体见示例 22。

【示例 22】

```
# Student 类中 show_selected_course 方法
class Student:
            def show_selected_course(self):
        # 查看选择的课程
        print('选课情况如下 : ')
        for num, course_obj in enumerate(self.courses, 1):
            print('\t', num, course_obj.name, course_obj.price,
```

```
                    course_obj.period)
        print()
```

上例中，我们直接使用 for 循环展示当前对象的课程属性列表，然后打印课程的属性。

现在，让我们看看效果如何，具体如下。

```
欢迎使用学生选课系统
username:oldboy
password:666
登录成功,欢迎 oldboy,您的身份是 Student
1 查看可选课程
2 选择课程
3 查看所选课程
4 退出
请选择您要做的操作 : 3
1 python 15000 6
2 java 14000 6
3 python 15000 6
```

可以看出，该效果达到了我们的预期。让我们继续完成后续功能。

8.4.10　管理员之查看所有学生选课信息

学生角色的选择课程信息和查看课程信息均已实现。接下来，我们实现管理员查看所有学生选课信息的功能，见示例 23。

【示例 23】

```
# Manager 类中 show_students_courses 方法
1. import pickle
2. class Manager:
3.         def show_students_courses(self):
4.         # 查看所有学生选课情况
5.         with open(os.path.join(BASE_DIR, 'db', 'student_info'), 'rb') as f:
6.             num = 0
7.             while True:
8.                 try:
9.                     num += 1
10.                    stu_obj = pickle.load(f)
```

```
11.                  print(num, stu_obj.name, stu_obj.courses)
12.              except EOFError:
13.                  break
14.      print()
```

在示例 23 中，第 5 行以读的方式打开 student_info 文件。在第 7 行的 while 语句中，我们依然使用 pickle.load 方法将对象反序列化回来，然后在第 11 行打印对象的 name 属性和课程列表。示例 23 的运行结果如下。

```
欢迎使用学生选课系统
username:alex
password:3714
登录成功,欢迎 alex,您的身份是 Manager
1 创建课程
2 创建学生
3 查看可选课程
4 查看所有学生
5 查看所有学生选课情况
6 退出
请选择您要做的操作 : 5
1 oldboy [<__main__.Course object at 0x01B74E50>, <__main__.Course object at
        0x01B840F0>, <__main__.Course object at 0x01B84130>]
2 egon []
```

可以看到，示例 23 所示代码基本“没什么问题”，但运行结果的列表中明显有 3 个内存地址，这是为什么？从代码层面来说，这是没问题的。那么怎么解决内存地址这个“问题”呢？

这里我们使用__repr__()方法来解决该问题，见示例 24。

【示例 24】

```
# Course类,添加__repr__方法
class Course:
    def __repr__(self):
        return self.name
```

我们在 Course 类中添加__repr__()方法，并返回该对象的 name 属性。现在，让我们重新运行示例 23，结果如下。

```
欢迎使用学生选课系统
```

```
username:alex
password:3714
登录成功,欢迎 alex,您的身份是 Manager
1 创建课程
2 创建学生
3 查看可选课程
4 查看所有学生
5 查看所有学生选课情况
6 退出
请选择您要做的操作 : 5
1 oldboy [python, java, python]
2 egon []
```

可以看出，学生 oldboy 选择了 3 门课程，而学生 egon 的课程列表为空。

8.4.11　学生之退出

学生角色退出功能的实现思路完全参照管理员退出功能的思路，见示例 25。

【示例 25】

```
# Student 类中 exit 方法
class Student:
    def exit(self):
        # 退出
        sys.exit('再见')
```

在示例 25 中，我们在实现退出功能的时候同样调用了 sys.exit()方法。示例 25 的运行结果如下。

```
欢迎使用学生选课系统
username:alex
password:3714
登录成功,欢迎 alex,您的身份是 Manager
1 创建课程
2 创建学生
3 查看可选课程
4 查看所有学生
5 查看所有学生选课情况
6 退出
```

```
请选择您要做的操作 : 6
再见
```

8.5 系统优化

现在，让我们展示目前为止学生选课系统已有的所有代码，具体见示例 26。

【示例 26】

```
import sys
import os
import pickle
BASE_DIR = os.path.dirname(__name__)  # 以当前文件为起点，获取父级目录

class Student:
    operate_lst = [('查看可选课程', 'show_courses'),('选择课程', 'select_course'),
                   ('查看所选课程', 'show_selected_course'),('退出', 'exit')]
    def __init__(self, name):
        self.name = name
        self.courses = []
    def show_courses(self):
        # 查看可选课程
        print('课程信息如下 : ')
        course_obj_lst = []
        with open(os.path.join(BASE_DIR, 'db', 'course_info'),'rb') as f:
            num = 0
            while True:
                try:
                    num += 1
                    course_obj = pickle.load(f)
                    course_obj_lst.append(course_obj)
                    print('\t', num, course_obj.name,course_obj.price,
                            course_obj.period)
                except EOFError:
                    break
        print('')
        return course_obj_lst
```

```
def select_course(self):
    # 选择课程
    print('选择课程')
    course_obj_lst = self.show_courses()
    course_num = input('输入选择课程的序号：').strip()
    if course_num.isdigit():
        course_num = int(course_num)
        if course_num in range(len(course_obj_lst) + 1):
            choose_num = course_obj_lst.pop(course_num - 1)
            self.courses.append(choose_num)
        print('%s 课程选择成功' % choose_num.name)
    with open(os.path.join(BASE_DIR, 'db','student_info'),'rb')as f:
        open(os.path.join(BASE_DIR, 'db', 'student_info_ new'),'wb') as f2:
        while True:
            try:
                stu_obj = pickle.load(f)
                if stu_obj.name == self.name:
                    pickle.dump(self, f2)
                else:
                    pickle.dump(stu_obj, f2)
            except EOFError:
                break
    os.remove(os.path.join(BASE_DIR, 'db', 'student_info'))
    os.rename(os.path.join(BASE_DIR, 'db', 'student_info_ new')
    os.path.join(BASE_DIR, 'db', 'student_info'))

def show_selected_course(self):
    # 查看选择的课程
    # 方法 1
    # with open(os.path.join(BASE_DIR,'db','student_info'),'rb') as f:
    #    while True:
    #        try:
    #            stu_obj = pickle.load(f)
    #            if self.name == stu_obj.name:
    #                for index, item in enumerate(stu_obj.courses, 1):
    #                    print(index, item.name, item.price, item.period)
    #        except EOFError:
```

```
        #           break
        # print()
        # 方法 2
        print('选课情况如下 : ')
        for num, course_obj in enumerate(self.courses, 1):
            print('\t', num, course_obj.name, course_obj.price,
                  course_obj.period)
        print()

    def exit(self):
        # 退出
        sys.exit('再见')

    @classmethod
    def get_obj(cls, name):
        with open(os.path.join(BASE_DIR, 'db', 'student_info'), 'rb')as f:
            while True:
                try:
                    stu_obj = pickle.load(f)
                    if stu_obj.name == name:
                        return stu_obj
                except EOFError:
                    break

class Manager:
    operate_lst = [('创建课程', 'create_course'), ('创建学生', 'create_student'),
                   ('查看可选课程','show_courses'), ('查看所有学生', 'show_students'),
                   ('查看所有学生选课情况', 'show_students_courses'), ('退出','exit')]
    def __init__(self, name):
        self.name = name
    def create_course(self):
        # 创建课程
        course_name = input('课程名 :')
        course_price = int(input('课程价格 :'))
        course_period = input('课程周期:')
        course_obj = Course(course_name, course_price, course_period)
        with open(os.path.join(BASE_DIR, 'db', 'course_info'), 'ab')as f:
```

```
            pickle.dump(course_obj, f)
        print('\033[0; 32m课程创建成功:%s %s %s \033[0m' % (course_obj.name,
                course_obj.price, course_obj.period))
    def create_student(self):
        # 创建学生
        stu_name = input('学生姓名 : ')
        stu_pwd = input('学生密码 : ')
        with open(os.path.join(BASE_DIR,'db','userinfo'), 'a') as f:
            f.write('%s|%s|%s\n' % (stu_name, stu_pwd, 'Student'))
        stu_obj = Student(stu_name)
        with open(os.path.join(BASE_DIR,'db','student_info'),'ab') as f:
            pickle.dump(stu_obj, f)
        print('\033[0; 32m学员账号创建成功:%s 初始密码:%s\033 [0m' % (stu_obj.name,
                stu_pwd))
    def show_courses(self):
        # 查看可选课程
        print('可选课程如下:')
        with open(os.path.join(BASE_DIR, 'db', 'course_info'), 'rb') as f:
            num = 0
            while True:
                try:
                    num += 1
                    course_obj = pickle.load(f)
                    print('\t', num, course_obj.name, course_obj. price,
                            course_obj.period)
                except EOFError:
                    break
        print('')
    def show_students(self):
        # 查看所有学生
        print('学生如下: ')
        with open(os.path.join(BASE_DIR, 'db', 'student_info'), 'rb') as f:
            num = 0
            while True:
                try:
                    num += 1
                    stu_obj = pickle.load(f)
```

```
                print(num, stu_obj.name)
            except EOFError:
                break
        print('')

    def show_students_courses(self):
        # 查看所有学生选课情况
        with open(os.path.join(BASE_DIR, 'db', 'student_info'), 'rb') as f:
            num = 0
            while True:
                try:
                    num += 1
                    stu_obj = pickle.load(f)
                    print(num, stu_obj.name, stu_obj.courses)
                except EOFError:
                    break
        print()
    def exit(self):
        # 退出
        sys.exit('再见')

    @classmethod
    def get_obj(cls, name):
        return Manager(name)

class Course:
    def __init__(self, name, price, period):
        self.name = name
        self.price = price
        self.period = period
    def __repr__(self):
        return self.name
def login():
    '''登录逻辑,此处是用了单次登录验证,读者可以根据自己的需求改成登录失败 3 次才返回 False'''
    usr = input('username:').strip()
    pwd = input('password:').strip()
```

```
    with open(os.path.join(BASE_DIR, 'db', 'userinfo')) as f:
        for line in f:
            username, password, ident = line.strip().split('|')
            if username == usr and password == pwd:
                return {'name': usr, 'identify': ident, 'auth': True}

        else:
            return {'name': usr, 'identify': ident, 'auth': False}


def main():
    # 程序入口
    print('\033[0; 32m欢迎使用学生选课系统\033[0m')
    ret = login()
    if ret['auth']:
        print('\033[0; 32m登录成功,欢迎%s,您的身份是%s\033[0m'%(ret['name'],
                ret['identify']))
        if hasattr(sys.modules[__name__], ret['identify']):
            cls = getattr(sys.modules[__name__], ret['identify'])
            obj = cls.get_obj(ret['name'])  '''调用类方法返回文件中已存在的对象'''
            while True:
                for num, opt in enumerate(cls.operate_lst, 1):
                    print(num, opt[0])
                inp = int(input('请选择您要做的操作 : '))
                if inp in range(1, len(cls.operate_lst) + 1):
                    if hasattr(obj, cls.operate_lst[inp - 1][1]):
                        getattr(obj, cls.operate_lst[inp - 1][1])()
                else:
                    print('\033[31m您选择的操作不存在\033[0m')
    else:
        print('\033[0; 31m%s登录失败\033[0m' % ret['name'])


if __name__ == '__main__':
    main()
```

结合系统需求就会发现，现有代码还有很多地方需要优化。让我们一起来优化它吧。

8.5.1 优化查看课程信息功能

首先分析学生角色和管理员角色查看课程信息的代码，见示例 27。

【示例 27】

```
# Manager 类中的 show_courses 方法
class Manager:
        def show_courses(self):
        # 查看可选课程
        print('可选课程如下:')
        with open(os.path.join(BASE_DIR,'db','course_info'),'rb')
as f:
            num = 0
            while True:
                try:
                    num += 1
                    course_obj = pickle.load(f)
                    print('\t', num, course_obj.name, course_obj.price,
                    course_obj.period)
                except EOFError:
                    break
        print('')
# Student 类中的 show_courses 方法
class Student:
        def show_courses(self):
        # 查看可选课程
        print('课程信息如下 : ')
        course_obj_lst = []
        with open(os.path.join(BASE_DIR, 'db', 'course_info'), 'rb')as f:
            num = 0
            while True:
                try:
                    num += 1
                    course_obj = pickle.load(f)
                    course_obj_lst.append(course_obj)
                    print('\t', num, course_obj.name, course_obj.price,
                            course_obj.period)
```

```
                except EOFError:
                    break
        print('')
```

在示例 27 中，我们仔细观察两个查看课程信息的代码就会发现，其实它们之间差别不大，且整体思路一致，只是 Student 类中多了一个返回课程列表的操作。这个操作放到 Manager 类中也没问题，这是因为返回值可以不被接收！那么如何优化这部分代码呢？

让我们分析一下。管理员和学生都是人，那么能否抽象出一个父类，在父类中实现查看课程的方法呢？我们对这种思路进行了尝试，见示例 28。

【示例 28】

```
import pickle
1. class Person:
2.         def show_courses(self):
3.         # 查看可选课程
4.         print('课程信息如下 : ')
5.         course_obj_lst = []
6.         with open(os.path.join(BASE_DIR, 'db', 'course_info'),'rb')as f:
7.             num = 0
8.             while True:
9.                 try:
10.                    num += 1
11.                    course_obj = pickle.load(f)
12.                    course_obj_lst.append(course_obj)
13.                    print('\t', num, course_obj.name, course_obj.price,
                                course_obj.period)
14.                except EOFError:
15.                    break
16.        print('')
17. class Student(Person): pass
18. class Manager(Person): pass
```

如示例 29 所示，我们在 main.py 文件中实现一个 Person 类，在 Person 类中实现查看课程信息的方法（第 2～16 行）。Student 类和 Manager 类继承 Person 类。各自对象在调用 show_courses 方法时，会自动去父类中查找。

8.5.2 优化退出功能

因为 Student 类和 Manager 类中的 exit 方法完全一致，所以，退出功能也需要优化，见示例 29。

【示例 29】

```
class Person:
        def exit(self):
        # 退出
        sys.exit('再见')
class Student(Person): pass
class Manager(Person): pass
```

在示例 29 中，我们在 Person 类中实现退出功能。两个子类继承 Person 类就可以了。

8.5.3 优化文件路径

当读/写文件时，我们都利用 os.path.join 方法拼接路径。这种方式不仅麻烦，而且当文件路径有变动时不利于修改，因此，我们需要对文件路径进行优化。

首先更新目录，见示例 30。

【示例 30】

```
student_elective_sys/
    ├ db/
    │  ├ course_info           # 存放课程信息
    │  ├ student_info          # 存放学生信息
    │  └ userinfo              # 存放用户信息
    ├ conf/
    │  └ settings.py           # 配置文件
    └ main.py                  # 主逻辑文件
```

示例 30 在与 main.py 文件同级的目录下创建了一个名为 conf 的目录，并在该目录内创建一个 settings.py 文件，用来存储配置信息。

在 settings.py 文件中，我们将文件的路径在该文件内进行拼接，见示例 31。

【示例 31】

```
# student_elective_sys/conf/settings.py
import os
BASE_DIR = os.path.dirname(os.path.dirname(__file__))
STUDENT_INFO = os.path.join(BASE_DIR, 'db', 'student_info')
STUDENT_INFO_TEMP = os.path.join(BASE_DIR, 'db','student_info_temp')
COURSE_INFO = os.path.join(BASE_DIR, 'db', 'course_info')
USER_INFO = os.path.join(BASE_DIR, 'db', 'userinfo')
```

如示例 31 所示，所有的文件目录可以在配置文件进行拼接，并被赋值给对应的常量，然后在 main.py 中可以直接被调用。当目录发生变动的时候，我们直接在配置文件中修改，无须修改 main.py 文件。除了文件路径外，配置文件中还可以有其他的配置项，这里就不一一列举了。

我们在 main.py 中导入该 settings.py 文件，见示例 32。

【示例 32】

```
# student_elective_sys/main.py
from conf import settings
with open(settings.COURSE_INFO, 'rb') as f: pass
with open(settings.COURSE_INFO, 'ab') as f: pass
with open(settings.STUDENT_INFO, 'rb') as f: pass
```

如示例 32 所示，在 main.py 文件中，使用配置文件之前，需要先导入 settings.py 文件，然后在相应的地方直接使用对应的常量名即可。

8.5.4　优化文件操作

代码中的很多功能都操作同一个文件，这在实际开发中并不是一个正确的编程思路。我们应该把文件处理的操作封装成方法，然后当某个功能出现文件处理的需求时，直接调用该方法。因此，我们对现有代码进行一些有针对性的优化，见示例 33。

【示例 33】

```
# main.py 中的 Person 类
1. import pickle
2. class Person:
3.     def dump_obj(self, obj=None, file_path=None, mode=None,content=None):
4.         # 序列化对象到文件
```

```
5.          with open(file_path, mode) as f:
6.              if content:
7.                  f.write(content)
8.              else:
9.                  pickle.dump(obj, f)
10.     def load_obj(self, file_path=None, mode=None):
11.         # 反序列化对象
12.         with open(file_path, mode) as f:
13.             while True:
14.                 try:
15.                     obj = pickle.load(f)
16.                     yield obj
17.                 except EOFError:
18.                     break
```

在示例 33 中，我们在类 Person 中实现了两个关于操作文件的方法—— dump_obj 方法和 load_obj 方法。具体功能模块在调用 dump_obj 方法时，可以在方法中传递需要序列化的对象 obj、序列化文件 file_path、执行模式 mode、其他操作 content 这 4 个参数。第 6 行根据参数判断方法需要实现的具体功能。例如，当创建学生信息的功能时调用该方法，将用户信息写入 userinfo 是普通的写入操作；将学生对象写入 student_info，是序列化操作，这两者所实现的功能是不同的，因此，通过参数 content 和参数 obj 可以判断是谁在对文件执行什么操作。普通的写入操作在方法 dump_obj 中传递参数 content；序列化操作将 content 参数设置为 None。在方法体中判断参数 content，若条件成立，则程序执行普通写入操作；若条件不成立，则程序执行序列化操作。第 10~18 行，当方法 load_obj 被调用时，需要传递反序列化文件 file_path 和操作模式参数 mode，并根据参数执行反序列化操作。第 16 行使用 yield，提高执行效率。

示例 34 在相应的功能模块调用上述两个方法时，根据需要传递参数即可。

【示例 34】

```
1. # Manager 类中的 create_student 方法
2. class Manager(Person):
3.          def create_student(self):
4.          # 创建学生
5.          stu_name = input('学生姓名 : ')
6.          stu_pwd = input('学生密码 : ')
7.          content = '%s|%s|%s\n' % (stu_name, stu_pwd, 'Student')
```

```
8.          self.dump_obj(obj=None, file_path=settings.USER_INFO, mode='a',
                          content=content)
9.          stu_obj = Student(stu_name)
10.         self.dump_obj(obj=stu_obj,file_path=settings.STUDENT_INFO,
                          mode='ab')
11.         print('\033[0; 32m学员账号创建成功:%s 初始密码 :%s\033[0m' %
                  (stu_obj.name, stu_pwd))
```

如示例 34 所示，我们重新设计了第 8～10 行的代码，在保存学生信息时直接调用写文件的方法。如果是普通的写入操作，则程序为参数 content 传递具体的数据；如果是序列化对象，则程序为参数 obj 传递要序列化的对象。这样可以大幅减少代码量。

8.5.5　优化交互体验

我们在学习 Python 的基础阶段时，编写代码用得最多的是输入和输出的交互。在千篇一律的控制台中一眼发现想看到的结果，可以说这是不太容易的。针对这种情况，我们在代码中通过各种手段来优化，如给控制台的输出加颜色、打印一个空行作为隔离。这里我们再次对代码进行优化，让交互更加友好。

当向用户展示可操作的列表时，我们可以在每个序号前面加上一个星号“*”，见示例 35。

【示例 35】

```
1.# main函数内的代码片段
2.for num, opt in enumerate(cls.operate_lst, 1):
3.    print(chr(42), num, opt[0])
```

示例 35 的运行效果如下。

```
欢迎使用学生选课系统
username : alex
password : 3714
登录成功,欢迎alex,您的身份是Manager
* 1 创建课程
* 2 创建学生
* 3 查看可选课程
* 4 查看所有学生
* 5 查看所有学生选课情况
* 6 退出
```

示例 35 所示效果是在第 3 行使用函数 chr()来实现的。

我们还可以在展示结果中加上“\t”来与其他交互进行区分，其中，“\t”可以实现代码缩进 4 个单位，见示例 36。

【示例 36】

```
1. # Manager 中的 show_students 方法
2. class Manager(Person):
3.         def show_students(self):
4.         # 查看所有学生
5.         print('学生如下 : ')
6.         for index, item in enumerate(self.load_obj(file_path = settings.
STUDENT_INFO, mode = 'rb'), 1):
7.             print('\t', index, item.name)
```

示例 36 的运行效果如下。

```
欢迎使用学生选课系统
username : alex
password : 3714
登录成功,欢迎 alex,您的身份是 Manager
* 1 创建课程
* 2 创建学生
* 3 查看可选课程
* 4 查看所有学生
* 5 查看所有学生选课情况
* 6 退出
请选择您要做的操作: 4
学生如下:
1 oldboy
2 egon
```

示例 36 的第 7 行在展示结果前都加上“\t”，以与后续的交互区分开。

8.5.6 优化后的代码

经过前面的优化后，学生选课系统最终的代码见示例 37。

【示例 37】

```
# student_elective_sys/main.py
```

```
import os
import sys
import pickle
from conf import settings

class Person:
    def show_courses(self):
        # 查看可选课程
        print('可选课程如下 : ')
        course_obj_lst = []
        for index,item in enumerate(self.load_obj(settings.COURSE_INFO,'rb'),1):
            print('\t', index, item.name, item.price, item. period)
            course_obj_lst.append(item)
        return course_obj_lst

    def exit(self):
        # 退出
        sys.exit('再见')

    def dump_obj(self, obj=None, file_path=None, mode=None,content=None):
        # 序列化对象到文件
        with open(file_path, mode) as f:
            if content:
                f.write(content)
            else:
                pickle.dump(obj, f)

    def load_obj(self, file_path=None, mode=None):
        # 将对象从文件中反序列化回来
        with open(file_path, mode)
as f:
            while True:
                try:
                    obj = pickle.load(f)
                    yield obj
                except EOFError:
                    break
```

```
class Student(Person):
    operate_lst = [('查看可选课程', 'show_courses'), ('选择课程', 'select_course'),
                   ('查看所选课程','show_selected_course'),('退出', 'exit')]

    def __init__(self, name):
        self.name = name
        self.courses = []

    def select_course(self):
        # 选择课程
        print('选择课程')
        course_obj_lst = self.show_courses()
        course_num = input('输入选择课程的序号: ').strip()
        if course_num.isdigit():
            course_num = int(course_num)
            if course_num in range(len(course_obj_lst) + 1):
                choose_num = course_obj_lst.pop(course_num - 1)
                self.courses.append(choose_num)
                print('%s 课程选择成功\n' % choose_num.name)
        with open(settings.STUDENT_INFO_TEMP, 'wb') as f:
            for item in self.load_obj(file_path=settings.STUDENT_ INFO,
                                      mode='rb'):
                if item.name == self.name:
                    pickle.dump(self, f)
                else:
                    pickle.dump(item, f)
        os.remove(settings.STUDENT_INFO)
        os.rename(settings.STUDENT_INFO_TEMP,settings.STUDENT_INFO)

    def show_selected_course(self):
        # 查看所选课程
        print('选课情况如下 : ')
        for num, course_obj in enumerate(self.courses, 1):
            print('\t', num, course_obj.name, course_obj.price,
                  course_obj.period)
```

```
    @classmethod
    def get_obj(cls, name):
        for item in Person().load_obj(settings.STUDENT_INFO, 'rb'):
            if name == item.name:
                return item

class Manager(Person):
    operate_lst = [('创建课程', 'create_course'), ('创建学生', 'create_student'),
                   ('查看可选课程', 'show_courses'), ('查看所有学生', 'show_students'),
                   ('查看所有学生选课情况', 'show_students_ courses'), ('退出',
                   'exit')]

    def __init__(self, name):
        self.name = name

    def create_course(self):
        # 创建课程
        course_name = input('课程名 :')
        course_price = int(input('课程价格 :'))
        course_period = input('课程周期:')
        course_obj = Course(course_name, course_price, course_ period)
        self.dump_obj(obj=course_obj, file_path=settings. COURSE_ INFO,
      mode='ab')
        print('\033[0; 32m课程创建成功:%s %s %s\033[0m'% (course_obj. name,
                course_obj.price, course_obj.period))

    def create_student(self):
        # 创建学生
        stu_name = input('学生姓名 : ')
        stu_pwd = input('学生密码 : ')
        content = '%s|%s|%s\n' % (stu_name, stu_pwd, 'Student')
        self.dump_obj(obj=None, file_path=settings.USER_INFO,mode='a',
                      content=content)
        stu_obj = Student(stu_name)
        self.dump_obj(obj=stu_obj, file_path=settings. STUDENT_ INFO,
                      mode='ab')
```

```
        print('\033[0; 32m学员账号创建成功:%s 初始密码: %s\033[0m' % (stu_obj.name,
                stu_pwd))

    def show_students(self):
        # 查看所有学生
        print('学生如下: ')
        for index, item in enumerate(self.load_obj(file_path = settings.
                                                STUDENT_INFO,mode='rb'),1):
            print('\t', index, item.name)

    def show_students_courses(self):
        # 查看所有学生选课情况
        print('学生选课情况如下 : ')
        for index, item in enumerate(self.load_obj(file_path = settings.
                                                STUDENT_INFO, mode='rb'), 1):
            print('\t', index, item.name, item.courses)

    @classmethod
    def get_obj(cls, name):
        return Manager(name)

class Course:
    def __init__(self, name, price, period):
        self.name = name
        self.price = price
        self.period = period

    def __repr__(self):
        return self.name

def login():
    '''登录逻辑,此处是用的是单次登录验证,读者可以根据自己的需求改成登录失败3次才返回False'''
    usr = input('username : ')
    pwd = input('password : ')
    with open(settings.USER_INFO) as f:
        for line in f:
            username, password, ident = line.strip().split('|')
```

```
            if username == usr and password == pwd:
                return {'name': username, 'identify': ident, 'auth': True}
        else:
            return {'name': usr, 'identify': ident, 'auth': False} def main():
    # 程序入口
    print('\033[0; 32m欢迎使用学生选课系统\033[0m')
    ret = login()
    if ret['auth']:
        print('\033[0; 32m登录成功,欢迎%s,您的身份是%s\033[0m' % (ret['name'],
                ret['identify']))
        if hasattr(sys.modules[__name__], ret['identify']):
            cls = getattr(sys.modules[__name__], ret['identify'])
        obj = cls.get_obj(ret['name'])  # 调用类方法返回文件中已存在的对象
        while True:
            for num, opt in enumerate(cls.operate_lst, 1):
                print(chr(42), num, opt[0])
            inp = int(input('请选择您要做的操作:'))
            if inp in range(1, len(cls.operate_lst) + 1):
                if hasattr(obj, cls.operate_lst[inp - 1][1]):
                    getattr(obj, cls.operate_lst[inp - 1][1])()
            else:
                print('\033[31m您选择的操作不存在\033[0m')
    else:
        print('\033[0; 31m%s登录失败\033[0m' % ret['name'])


if __name__ == '__main__':
    main()
```

接下来我们运行示例37，先运行管理员角色。运行结果如下。

```
欢迎使用学生选课系统
username: alex
password: 3714
登录成功,欢迎alex,您的身份是Manager
* 1 创建课程
* 2 创建学生
* 3 查看可选课程
* 4 查看所有学生
```

```
* 5 查看所有学生选课情况
* 6 退出
请选择您要做的操作:1
课程名:Go
课程价格:15000
课程周期:6
课程创建成功:Go 15000 6
* 1 创建课程
* 2 创建学生
* 3 查看可选课程
* 4 查看所有学生
* 5 查看所有学生选课情况
* 6 退出
请选择您要做的操作:2
学生姓名: 武sir
学生密码: 123
学员账号创建成功:武sir 初始密码 :123
* 1 创建课程
* 2 创建学生
* 3 查看可选课程
* 4 查看所有学生
* 5 查看所有学生选课情况
* 6 退出
请选择您要做的操作:3
可选课程如下 :
1 python 15000 6
2 java 14000 6
3 python 15000 6
4 Go 15000 6
* 1 创建课程
* 2 创建学生
* 3 查看可选课程
* 4 查看所有学生
* 5 查看所有学生选课情况
* 6 退出
请选择您要做的操作:4
学生如下 :
```

```
1 oldboy
2 egon
3 武sir
* 1 创建课程
* 2 创建学生
* 3 查看可选课程
* 4 查看所有学生
* 5 查看所有学生选课情况
* 6 退出
请选择您要做的操作:5
学生选课情况如下 :
1 oldboy [python, java, python]
2 egon []
3 武sir []
* 1 创建课程
* 2 创建学生
* 3 查看可选课程
* 4 查看所有学生
* 5 查看所有学生选课情况
* 6 退出
请选择您要做的操作:6
再见
```

可以看出，管理员角色的每个功能准确地达到了预期。下面，我们运行学生角色。运行结果如下。

```
欢迎使用学生选课系统
username : 武sir
password : 123
登录成功,欢迎武sir,您的身份是Student
* 1 查看可选课程
* 2 选择课程
* 3 查看所选课程
* 4 退出
请选择您要做的操作:1
可选课程如下 :
1 python 15000 6
2 java 14000 6
```

```
3 python 15000 6
4 Go 15000 6
* 1 查看可选课程
* 2 选择课程
* 3 查看所选课程
* 4 退出
请选择您要做的操作:2
选择课程
可选课程如下 :
1 python 15000 6
2 java 14000 6
3 python 15000 6
4 Go 15000 6
输入选择课程的序号: 4
Go 课程选择成功

* 1 查看可选课程
* 2 选择课程
* 3 查看所选课程
* 4 退出
请选择您要做的操作:3
选课情况如下 :
1 Go 15000 6

* 1 查看可选课程
* 2 选择课程
* 3 查看所选课程
* 4 退出
请选择您要做的操作:4
再见
```

可以看出，学生角色的所有功能也没有问题。至此，学生选课系统设计好了。

本章小结

本章主要综合前面所学知识，设计并实现学生选课系统。该系统具有登录、注册、课程信息管理、学生信息管理、选课、选课信息查询等功能，其作用是锻炼读者使用面向对象编程开发系统的能力。要学习程序设计语言，就要多动手勤练习，这样才能深入理解每个知识点，提高编程熟练度。本章的主要内容汇总如下。

（1）根据项目功能进行需求分析，并完成角色设计、功能设计、流程设计、程序设计等任务。

（2）使用面向对象思维来设计程序，搭建学生在线选课系统的基本框架，创建实体类。

（3）使用程序控制结构、数据结构、函数等知识点实现学生在线选课系统的具体功能，如创建课程、创建学生信息、选课、查看选课信息等。

（4）使用文件与异常对系统进行优化，实现查看功能、文件操作、交互体验等的优化。

（5）在学生在线选课系统的实现过程中，读者应了解项目开发的基本流程，掌握 Python 基础知识在实际项目中的应用。

参考文献

[1] 杨文娟. 基于 O2O 教学模式的“Python 语言”课程思政教学探索[J]. 科教文汇(上旬刊), 2021, (4): 125-127.

[2] 张乐. 案例教学法在 Python 语言程序设计教学中的应用[J]. 计算机时代, 2021, (4): 72-75.

[3] 计丽娟, 唐琳, 崔容容. 混合教学模式下 Python 程序设计教学改革研究与实践[J]. 赤峰学院学报(自然科学版), 2021, 37(2): 98-101.

[4] 高敏. 基于 Python 的计算机等级考试查询系统[J]. 中国新通信, 2021, 23(3): 113-114.

[5] 胡学锋. 面向企业项目教学法的 Python 程序设计[J]. 电子技术与软件工程, 2021, (3): 57-58.

[6] 杨彩云, 詹国华. 引导性问题案例在 Python 数据分析基础课程的教学[J]. 计算机教育, 2021, (1): 154-157, 162

[7] 阚淑华. 基于 Python 编程语言的技术应用[J]. 电子技术与软件工程, 2021, (1): 47-48.